河北省教育科学研究『十三五』规划课题
名称　植物文化视域下职业院校传统文化教育路径研究
编号　1802047
类别　重点资助课题

植物的生命智慧

主编　何树海

河北大学出版社・保定

植物的生命智慧

ZHIWU DE SHENGMING ZHIHUI

出 版 人：耿金龙
责任编辑：刘 婷
封面题字：华梅志
装帧设计：杨艳霞
责任校对：刘文娜
责任印制：靳云飞

图书在版编目（CIP）数据

植物的生命智慧 / 何树海主编．—— 保定 ：河北大学出版社，2020.1
ISBN 978-7-5666-1602-9

Ⅰ．①植… Ⅱ．①何… Ⅲ．①植物－普及读物 Ⅳ．① Q94-49

中国版本图书馆 CIP 数据核字（2019）第 264013 号

出版发行：河北大学出版社
地址：河北省保定市七一东路 2666 号　邮编：071000
电话：0312-5073033　0312-5073029
邮箱：hbdxcbs818@163.com　网址：www.hbdxcbs.com
经　　销：全国新华书店
印　　刷：保定市北方胶印有限公司
幅面尺寸：185 mm × 260 mm
印　　张：12.75
字　　数：193 千字
版　　次：2020 年 1 月第 1 版
印　　次：2020 年 1 月第 1 次印刷
书　　号：ISBN 978-7-5666-1602-9
定　　价：39.00 元

“植物文化丛书”编写委员会

“植物文化丛书”总序

国家主席习近平在写给第十九届国际植物学大会的贺信中指出，“中国是全球植物多样性最丰富的国家之一。中国人民自古崇尚自然、热爱植物，中华文明包含着博大精深的植物文化。中国 2 500 多年前编成的诗歌总集《诗经》记载了 130 多种植物，中医药学为人类健康做出了重要贡献，因植桑养蚕而发展起来的丝绸之路成为促进东西方贸易和文化交流的重要纽带。”习近平新时代中国特色社会主义思想的基本内涵之一就是要“坚持人与自然的和谐共生”，把生态文明建设当作中华民族永续发展的千年大计。显然，植物作为自然生态的重要组成部分将成为我们不可忽视的生态要素，我们不能只站在利润的角度污染环境、破坏生态、毁灭物种而导致自然灾害频发。相反，我们应在保护植物的基础上，重新认识植物极为丰富的文化内涵，如植物生态文化、历史文化、审美文化、人格文化、习俗文化、信仰文化、诗画文化等，其中都蕴含着中国传统文化的精髓。我们还需要探索更为广泛、有效的途径来揭示和传播这些有益的内容，从而唤起植物背后多彩、厚重的文化价值。

2016 年初，在原河北省职业教育发展研究中心指导下，我们组织职业学校的一部分教师编写了《植物文化赏析》一书，并于 2017 年由河北大学出版社正式出版。这本书的出版源于省内职业教育领域一批老师对植物文化的执着研究和大力推广，特别是河北省教育厅职教专家刘凤彪先生，领衔植物文化与职业院校人文教育的研究，所获成果更是让人耳目一新，开辟了一个崭新的传统文化教育途径，深得业界同行认可。在这些研究的基础上，我们计划在传统文化、植物文化领域编写一系列读物，以期更好地推广中华传统文化。在有关方面的支持下，与河北大学出版社商定，2019 年编写出版《植物的生命智慧》《一棵树摇动另一棵树——中等职业学校主题班会创新案例集锦》两本图书奉献给广大读者。

编写出版《植物文化丛书》，我们有一个简单的愿望，就是通过挖掘植物背后的诗词歌赋、神话典故、文化经典和人生智慧，传承中华传统文化，提高学生接受人文素养教育的兴趣和效果。在此基础上，我们也计划结合职业教育领域专家们的建议，动员和组织植物科学、人文学科以及教育科学领域的专家学者，深入开展植物文化的理论研究和学科建设，让零星碎片化的植物文化研究成果逐步系统化学科化，成为人文与科学相结合的典范。

组织出版这样一套丛书，是一项系统工程，也将是一个艰难的过程。虽然有关植物学和人文学科的知识浩如烟海，但是要挖掘出植物文化的时代成果仍然存在很多困难、面临很多难题。需要特别说明的是，这套丛书的编写过程，实际上也是我们向前人和他人学习、借鉴和创新的过程。虽然已在每本书之后注明了主要参考文献及其出处，以表示我们对被参考者及其作品的尊重，但仍不足以表达我们的感谢之情，在此，我们全体编者特向这些老师们表示深深的谢意。

由于编者水平有限，其中疏漏肯定在所难免，敬请大家不吝批评指正。同时，恳请有兴趣的专家同行提出宝贵意见和建议，使这套丛书更加丰富与完善。

南开大学植物学博士
邯郸市农业学校校长　李鹏丽

2019 年 9 月 1 日

本书序

一次机缘巧合，我认识了河北邯郸市农业学校的何树海老师，还在一起聊了很多有关传统文化的话题。树海老师的知书、通理给我印象十分深刻。漫谈之间，何老师提到他的团队正在编写一本与植物文化有关的著作，书名是《植物的生命智慧》，想让我给写写序言。因为一个时期以来我也比较关注我国传统文化的研究，再加上是我家乡学校老师们的作品，所以我爽快地答应了。没过多久，书稿就放到了我的案头，其中每一个直达中华传统智慧的标题都深深地吸引了我。我几天就通读了一遍，也让我对身边司空见惯的植物有了新的认识。

植物作为人类的生活伴侣，既有日常所食用的各种瓜果粮菜，也有游历名山大川过程中所见到的奇花异木，还有街道庭院不可缺少的花草树木。不同植物食材的酸、甜、苦、辣、涩赐予我们味蕾美妙的享受；各种花草树木的姿态、色彩和味觉带给我们丰厚的神奇感受。时代的变迁，似乎让人远离了植物，但也让人有更多的时间在茶余饭后侍弄身边的花花草草，重新审视这些早早就来到地球上的生命精灵。作为生物链最底层的植物，一直是任人摆布的弱势群体的印象，原来还这么富有生命智慧！而且，植物的生命智慧与我们人类的生活智慧是如此地相通，甚至让人怀疑：这些富有哲理的生命智慧是我们人类的创造，还是独立的存在?

在没有人类之前，植物就已经来到了地球，好像是上天安排植物在等待着人类。人类诞生之日起就与植物相依相伴一路走来，时至今日，是因人类影响植物成了现在的模样，还是植物影响人类而使人类进化成为现在的水平，一时怕是难以考证。我倒相信是相互的作用，人固然根据自己的意愿对植物进行了改造，但人类生存过程本身就是植物影响的结果。

《植物的生命智慧》揭示了植物的十余种生命哲学，如自然天成、物竞天择、缘起缘灭、生生不息、生克制化、用行舍藏，等等。仔细品来，原来这些被世人奉为经典的名言警句竟然都被植物在其生命活动过程中运用得淋漓尽致。根有曲直，唯水肥所止；叶态万千，唯光所止；种子虽小，唯生所止。澳大利亚桉树微小的种子可以长成 156 米高的大树；一棵冬黑麦在 0.052 立方米的土壤中能长出总长达 623 公里的根系；太行山崖柏能把仅有的水分保存在根系几十年甚至几百年；还有神奇的苏醒树，每当它遇到极度干旱的时候，就会把部分根从土壤中抽出来卷成一个球体，随风滚动，遇水即醒，把根伸出插入土壤中，再开始生长。植物就是这样的“智慧”，就是这样的“不忘初心，砥砺前行”，才取得一个又一个成功，创造了一个又一个奇迹。

诚然，以这样的视角来审视中国传统文化，还只是一种尝试。几位作者虽穷尽思考也不一定能达到对传统文化的完美诠释，但我还是乐意向广大读者推荐这本书。

权当是序吧。

国家教育行政学院原副院长
北京师范大学教育学博士 李五一

2019 年 9 月 1 日

前言

一

植物有智慧吗？“人非草木，孰能无情”“植物人”“榆木脑袋”，等等，都是人们对植物智慧的否定。即便是植物科学研究领域，对植物智慧持反对意见的也不在少数。人们大多认为植物没有大脑，也就没有记忆，并且无法表现出类脑行为，因此不愿承认植物所拥有的生命智慧。

然而，如果站在大生态即人与自然共有生态的意义上说，植物有着远超动物的大智慧。植物早早地来到地球，并很快就学会用空气中的二氧化碳和水在光的作用下生产有机物，因此成为生物链的第一生产者，从此一边自己不断进化产生出动物们需要的各种食粮，一边为整个自然界提供必需的生态保障，调节空气、涵养水源、排除毒物，几乎是任劳任怨！植物的这样一种智慧正是传统哲学里极简原理的真实体现，所谓“道生一，一生二，二生三，三生万物”，植物生命的最初形态应该就是由“道”而生之“一”吧！这个“一”，既是自然界第一个生命现象，也是生命物质的第一生产者。

试想，如果没有能进行光合作用的蓝藻为自然界提供能量和营养，后来复杂多样的各种植物、动物及其他高等生物就无从谈起，就连地球也恐怕还是条件恶劣的不毛之地，生态世界也就不可能存在。正是植物能集天地之元气，由一而多，由微而宏，由简单而复杂，由无机而有机，由无序而有序，由低级而高级，终得天地之大成。所以，以这样的逻辑来看待植物，就必须认可植物的生命哲学。这是一种依道而行、自然而然的生命哲学，其道极简，简单到数十亿年的进化过程中，植物都是少私寡欲、无忧无虑，默默地为自然界的各种生物和非生物奉献着自己的一切。

二

《中庸》里说，“中也者，天下之大本也；和也者，天下之达道也”。植物生于天地间，当然能尽中和之性，遵循中庸之道。翻开自然界里的植物篇章，人们看到的是繁花似锦和生生不息，而这恰恰是植物之“致中和，天地位焉，万物育焉”。

植物之“致中”可以认为是植物种群不偏不倚的生命状态。其一表现在未萌发之种子。未萌发之种子安然祥和，犹如天地之懵懂而蕴含万物。种子之未发，静若处子，虽在植物体上只占很小的地方，但内含根、茎、叶、花、果实等器官，载有祖先的各种信息，最重要的是内含一套生命指令。种子虽小，但极像一个小宇宙，记忆着父辈们经历的时间、空间、色彩、光照和秩序。

植物之“致中”其二表现为独处。天地间的植物种群，无论是藻类、苔藓、蕨类、裸子还是被子植物，无论是水生还是陆生，无论植物的形态如何变化，只要有适宜的环境，它们就能生长发育、延续生命。而且，在亿万年的进化过程中，不同的植物总能找到属于自己的生命之道。所谓“能尽物之性，则可以赞天地之化育；可以赞天地之化育，则可以与天地参矣”。

植物之“致和”可以看作植物个体的正常发育和植物间包容和谐的生存方式。

种子的萌发，总是先伸出胚根，等根入土后，吸到水和营养时，胚芽和子叶才向上伸长，直至破土而出，见到阳光。从种子的吸涨、胚根扎下、胚轴伸长把胚芽和子叶送出地面，整个过程有条不紊，能量和物质都运用到了极致。种子的萌发可谓是“和”的典范。

从生态群体角度来看，无论是寄生、共生还是附生，无论是竞争还是互利，对于数十万种植物来说，既能如菟丝子与宿主那样你中有我，也能如崖柏那样独善其身。只要没有特定的外来因素的扰动，自然是“万物并育而不相害，道并行而不相悖”。

因此，“中和”的境界于植物莫不如此：巧妙利用、优势互补、自然整合、避免极端。“故天生之物，必因其材而笃焉。故栽者培之，倾者覆之”。

三

过犹不及是天地间各类生态的一种节奏，自然生态也不例外，这恰好正是中庸之道的自然呈现。当人们在为人处世中恪守中庸之道时，其实天地间的另一种生命——植物也遵守着这一中华传统的智慧之道。或许，人们倡导的处世之道正是源自对植物生命的体悟。

过犹不及在时间维度上凸显的是植物生长发育之道。在数十亿年的历程中并不缺少包括人类在内的外来干预，但植物本身的自发进化过程却始终有条不紊地进行着。但“近代科学”打破了这种中庸之势。如果说揠苗助长只是寓言故事的话，那么，现代农业生产中用化肥、激素及人工环境来改变植物的自然生长，却是不争的事实。太过的结果是早熟的果实改变了味道，催熟的种子丧失了活力，人造的品种无法在自然中延续。

过犹不及在空间维度上揭示的是植物极强的适应能力。可以想象，不同地域自然而然地选择了相应的植物种群，同一地域又有着多样化的植物选择。无论你走进什么样的空间，总有丰富多彩的花草树木陪伴着你，既有脚下的小草和苔藓，也有身边的各色花叶，更有蔽日的参天树木。

但人们有意无意、过犹不及地引种打破了这种平衡。黄顶菊本是南美之野草，与当地植物有着自然的平衡，相互适应、相互制约、相互影响。但被带到中国后，由于它根系分泌物能抑制其他植物生长，没有了种群间的制约，从而疯狂生长，形成物种入侵，给百姓生产造成巨大损失，为当地生态带来恶劣影响。

在植物界，除却宏观上的中庸之道外，植物个体在生长上也有着重要意义。

果树最讲究树势，偏强的树势营养生长旺盛，但花芽分化弱，开花结果少；偏弱的树势虽然容易成花，但病害多且坐果少，树体还容易早衰。只有中庸的树势才是果树生产的理想树势。营养生长与生殖生长和谐的树势被业界称为“树势中庸”。

可见，植物自然而然的存在是其本性，遵从植物本性去管理，植物界才能生生不息。所谓“天命之谓性，率性之谓道”。植物是这样，万物都是这样，“大本者，天命之性，天下之理皆由此出，道之体也。达道者，循性之谓，天下古今之所共由，道之用也”。

四

佛家讲因果，种什么因，结什么果。有因必有果，因是缘由，果是结局。细究起来，因果实际上就是“种瓜得瓜，种豆得豆”，这才是最朴素的因果关系。于是，所谓佛法的基本定律原来就出于植物的季相轮回：种苗是“因”，一旦遇上适宜的土壤、阳光和水分即“缘”，就能发芽开花结“果”，前面的因和缘导致了后面的果。所以，因果报应不是宗教信条，而是实实在在的自然法则。植物生命的因果关系从单个生命上讲就是春种夏耘秋收冬藏。埋藏在土壤里的种子，依靠春天温暖的阳光就能生根发芽；夏季丰沛的雨水又催发了繁茂的枝叶；秋天来到后，积蓄了数月给养的果实遍结枝头；冬日里大地收获的不只是种子，还有衰落的枝叶，只待来年进入新的轮回。

植物生命的因果关系从前后关联上讲就不是种豆得豆那么简单了，漫长的生命轮回过程中，来自植物本身以外的各种干预都可能持续地影响植物的生长，直到有一天它的果发生了质的变化。种豆要是得豆，但此豆非彼豆，即使种豆长出瓜来也未尝不可。所谓“种子生现形，现形熏种子”。

“因果不昧”是科学认知的规律，植物学家可以从一株古树上看出在过去的哪一年有过旱灾、涝灾、火灾和虫灾等。即使我们普通人也可以通过年轮看出过去的气候：哪一年温暖湿润，树体生长量就大，年轮就宽；哪一年寒冷干旱，树体生长量小，年轮就窄。

这样看来，佛法的因果律也好，科学的因果关系也罢，其实都源于自然，都是自然事物发展变化规律的反映。

五

《周易》说：“道者三：不易、变易与简易。”易理范围天地之化而不过，曲成万物而不遗，当然也就包括植物的生长了。

《周易》中“不易”的规律，在植物的适地适树就是明显的例证。所谓一方水土养一方人，植物也莫不如此。植物从起源伊始就执着地恪守着自己的生命路径，水生的藻类，水陆过渡的苔藓类，陆生的蕨类和裸子、被子类，直到现在还保持着固有的生态模式。也正因此，北方的杨树、黄河流域的槐树、华南地区的椰子树等，都成了相应地域稳定的文化符号。

《周易》所说：“易穷则变，变则通，通则久”，这就是《周易》的“变异”规律。“橘生淮南则为橘，生于淮北则为枳，叶徒相似，其实味不同。所以然者何？水土异也”“物虽非伪，而种则殊矣”。一种植物一般只能适合在一定的环境中生存，当环境条件如地理、天文、水质、土壤、植被等发生改变时，物种就会出现差异。

大道至简，植物变与不变都是与环境相应的结果。《淮南子》中说“欲知地道，物其树”，即是此意。

六

阴阳五行是中国古代认识世界的重要方法，是中国传统象易思维的代表。植物是客观世界的组成部分，当然既分阴阳也合五行。

在中国，古人用生、长、收、藏来指征自然生命的变化形式和过程，而在这一过程中最重要的推动力量就是阴阳。“清阳上天，浊阴归地，是故天地之动静，神明为之纲纪，故能以生长收藏，终而复始”（《黄帝内经》）。植物的阴阳属性广泛存在：有的植物喜阴，如文竹、绿萝、龟背竹、麦冬、玉簪、铁线蕨等；有的植物则喜阳，如松、杨、玫瑰、梅花、菊花、牡丹、碧桃、芍药等。

从花器来讲，有的植物花系虽为雌雄同体，但花蕊有雌雄（阴阳），如玉米、黄瓜等；还有部分开花结果的植物雌雄异株，只有雌雄同植方能结果，如银杏、铁树和杨树等。所以“孤阴不生，独阳不长，故天地配以阴阳”（程登吉）。

在以五行为代表的事物生克转化关系中，木又居首且最初的含义就是植物，代表树木花草。木生火、火生土、土生金、金生水、水生木，如此，木是生命的根源，生命力特别强大。春天属木，乃花草树木生命之始，并由此开启生命的繁华历程。当然，植物间的生克制化也十分有趣，属木的植物为绿色，大多数植物的叶色是绿色，这也是植物的基色；属火的植物多为红色或紫色，如石榴、木棉、红枫、红桑、紫薇、海棠、紫荆等；属土的植物多为黄色或棕色，如黄金槐、连翘、黄刺玫、万寿菊等；属金的植物多为白色，如白玉兰、广玉兰、茉莉、栀子、银杏等；属水的植物多为黑色、蓝色或灰色，如荷花、睡莲、凤眼莲、罗汉松、竹柏等。

现代科学证实，也确有很多植物存在相生或相克的关系，如紫罗兰与葡萄、百合与玫瑰、朱顶红和夜来香等属相生植物，相互之间互惠互利、相得益彰；而丁香和铃兰、桧柏和海棠、绣球和茉莉等属相克植物，相互之间有抑制作用，甚至互相伤害。

足见，植物是智慧的。自然界的植物是所有生命的起点，也将是全部生命的归宿。大自然不能没有植物！我们应该珍视植物的生命智慧，应当学习植物的生命智慧，尊重并懂得植物的生命智慧才能让人类更加智慧！

王振鹏

内容简介

《植物的生命智慧》以植物的生命活动为载体，选择了十一篇与中华经典文化相关的题目来进行“天地人合一”传统哲学思想的解读，包括自然天成、物知其数、物竞天择、生克制化、尚中贵和、和而不同、生生不息、尽物之性、动静有常、用行舍藏、缘起缘灭等，用植物的生长收藏历程诠释了自然界最普遍存在的生命的意义。

编写说明

现代化的生活方式让人们离大自然越来越近也越来越远。动物不过猫狗，山川不过景区，文化不过庙观，草木不过园林。然而，广泛存在于大自然的植物远非园林里那些花草所能代表得了的。事实上，正是那些广布于各种自然环境里的不计其数的植物，才为人类带来了这绿色的家园。而且，在大生态意义上说，植物之于人类是极为重要的生态要素、生活伴侣、生命典范。

《周易》是中国传统文化的源头，是古代汉民族思想、智慧的结晶，被誉为“群经之首、大道之源”。《周易》内容极其丰富，对中国几千年来的政治、经济、文化等各个领域都产生了极其深刻的影响。即使在秦始皇焚书坑儒时也将《周易》予以保留，所以，《周易》既被儒家列为“六经之首”，也被道家奉为“三玄”之一。

《周易》中讲“昔者圣人之作易也，将以顺性命之理。是以立天之道，曰阴与阳；立地之道，曰柔与刚；立人之道，曰仁与义。兼三才而两之，故《易》六画而成卦”。《周易》揭示自然和社会规律的核心思想就是天地人合一，也即“天生之，地养之，人成之”（《春秋繁露》）。

《植物的生命智慧》便是依照格物、致知、穷理和尽性的思路，通过研究植物界的诞生、演化，以及植物个体的萌发、生长、发育、繁衍、变异，还有植物群体（种群）和群落（生态）的生命活动，结合立天、立人、立地之道，整理、提炼出“自然天成”“物知其数”“物竞天择”“生克制化”“尚中贵和”“和而不同”“生生不息”“尽物之性”“动静有常”“用行舍藏”和“缘起缘灭”等为主题的生命哲学，阐述阴阳、仁义和刚柔的相关特性，以此来阐释古人天地人合一的朴素唯物主义思想。让读者在欣赏植物生命现象的同时，品味其背后的哲学智慧。

《植物的生命智慧》由邯郸市农业学校何树海担任主编。参加编写的还有王振鹏、刘宏印、刘国芹、高文红、董锋利、程清海、陈海燕等，书中插图由柳杰翰手绘，封面书名由华梅志题写。刘凤彪为每一章撰写了开篇诗词。何树海、王振鹏、霍朝忠做最后统稿，对书稿做了修改和润色。

《植物的生命智慧》是一本将植物与文化联系起来的普及性读物，可以作为植物文化研究者开展研究的参考书，也可作为中、高等学校开展传统文化教育的课外读本，还可作为普通读者修身养性的基础读物。

承蒙国家教育行政学院原副院长、北京师范大学教育学博士李五一先生为本书作序，在此，表示诚挚感谢！

受限于编者的水平，书中错漏难免，恳请广大读者批评指正！

编　者

2019 年 9 月 1 日

目 录

上篇

立天之道：阴与阳

《周易》『以立天之道，曰阴与阳』。阴阳是什么？阴阳就是日月，就是昼夜，就是春夏秋冬，就是四时的运行和轮回。天道尚变，阴阳相制；天道主生，阴阳相成。地球上所有事物的产生、发展和消亡都源于四时的变化和千古的轮回。

第一章　自然天成

生查子·自然天成

（新韵：七尤）

世上本来无，造化无生有。
漫长演化中，绿色无边走。

愈走愈高级，生命尤持久。
天道自然成，敬畏汝知否？

一、世界之道

依老庄之学，世界的本源就是道，“有物混成，先天地生，寂兮寥兮，独立而不改，周行而不殆，可以为天地母，吾不知其名，强字之曰道”（老子《道德经》）。

其次，道无处不在。“道之为物，惟恍惟惚。恍兮惚兮，其中有象；恍兮惚兮，其中有物。窈兮冥兮，其中有精，其精甚真，其中有信”（老子《道德经》）。

那么，道到底是什么？《庄子》里讲道：“道，理也。……道无不理。”《韩非子》也以“道理”并提，认为“道，理之者也”“万物各异理，而道尽稽万物之理”。老子说：“道者，……万物得之而形”（出自孔子问礼的典故）。这里的道显然是个哲学范畴，是世界观，是方法论。按现代的语境来说，道就是事物发展的方向、途径和规律。

道可道！“天行健，君子以自强不息”，表明万物运行皆是自发、自然而然，而且永不停息。“道生一，一生二，二生三，三生万物。”（老子《道德经》）也述及事物的演化有迹可循。纵观万物，日、月、星、辰、天、地的运行、发光、生存皆自然为之，也就是说都顺应自然之理、遵循自然之道。天地间的自然之物——植物，随着春、夏、秋、冬之交替，当也生于自然，灭于自然。

二、植物之道

由世界之道推及植物的生发之道，大抵可以概括为由无到有、由小到大、由简单到复杂、由无序到有序、由低级到高级，这大概应该是植物的起源产生与进化发展所循之道。在这样的历程中，一切变化的发生均源自天地之间的自然之力！不过在人类诞生以后，又增添了另一股人为的力量；本质上看，这其实也是一种自然之力，因为人类也是大自然的一部分，人与植物的互动过程必然遵循这样的进化之道。

由无到有是植物起源进化历程中物质变化的最根本的特征，也是“无中生有”“从无生命到有生命”的典型例证。一方面是生物诞生前期的无机小分子在原始地球条件下变成有机小分子，如水、氨、甲烷和氢在放电条件下生成包括多种氨基酸在内的有机分子，生命物质由此肇端；另一方面是植物能通过光合作用把无机小分子生成有机分子，即二氧化碳和水在光合作用下生成了糖，植物自身发展的基本动力由此而产生。前一过程关乎生物的起源，后一过程涉及自然界能量和物质的交换。两者都是由最简单的碳、氢、氧、氮等无机元素，在适当的自然条件下生成有机物并且带来了宝贵的能量，这对整个生物进化都十分重要。

由小到大是植物存在意义上的变化规律，微观上的表征是植物个体的生长过程，历经春、夏、秋、冬，从萌发幼苗而长成各色草木，正所谓“合抱之木，生于毫末”（老子《道德经》）；宏观上的表征是植物家族的积少成多，从海洋到陆地再到高山，洋洋数十万种植物，以至于即使人们用纲、目、科、属、种来进行区分，也未能完全弄清楚所有植物；进化意义上的表征是植物链条的由简而丰，从最早的单细胞植物逐步演变为多细胞植物，而后是孢子植物，再后来是种子植物，也即由蓝藻、苔藓、蕨类进化到种子植物。

由简单到复杂是植物生命形态形成最有意义之道。化学进化过程中原始简单的有机小分子经过适当的缩聚形成复杂的生物大分子（如蛋白质和核酸），进而组成多分子体系并开始向更复杂的原始生命演变，具有光合作用能力的蓝藻在原始海洋中形成，植物初始简单的生命即已形成。在后来几十亿年的演变过程中，植物开启由海洋到陆地、由简单生物到复杂生物的进化历程。而这复杂的生命体不过是由若干种简单元素组合而成的化学元素复合体，复杂到人们到现在都无法理解，怎么这么简单的化学元素能演绎出如此丰富多彩的生命现象。

由无序到有序，事实上贯穿了生命进化的整个历程。从最简单的无机元素开始，靠着碳、氢、氧、氮、硫、磷等几种简单元素的排列组合，逐步产生无机小分子、有机小分子、有机大分子，直至具有生命力的细胞、孢子、种子。这些生命物质自己本身一定是一种结构即秩序的呈现，在这样结构化的场景中，一个重要的自然力量就是天然形成的植物内部和植物之间的秩序。当然，与生命直接相关的最早的秩序源自小分子以一定的结构形式组合成大分子，大分子以一定的结构形式组合成细胞，这是形态结构比较简单、植物进化水平比较原始的低等植物（藻类植物）的繁殖器官。这些植物再以一定的秩序实现植物界的不断演化。因此，秩序才是一切事物赖以生存发展的真正动力，是世界稳定的内在力量。有了秩序，事物内部也好、外部也罢，其构成要素之间就有了联系、转化、规则，才有了运动。秩序，是一种无形无影的力量。四季轮回、花开花谢，在一棵棵不断生灭的草木的演化中，有的植物被年轮改变，有的植物竟改变了时代。植物界如此，动物界如此，太阳系、银河系如此，人类社会也如此。

由低级到高级是植物生命延续最为重要的特征，当由小分子到大分子再逐渐演化为细胞，植物生命体的基本结构单元产生，对应的是单细胞植物或多细胞植物，即以部分藻类为主的低等植物。它们靠细胞分裂进行繁殖，这是最低级的生命繁殖方式。伴随着海洋面积缩小，植物登陆，植物失去了由水带来的游动能力，出现了茎、叶的分化，植物的繁殖方式进化为孢子生殖。孢子小而多且轻，随风而散播很远，遇到适宜的条件，就发育成新个体。孢子的这种繁殖方式可以大量繁殖后代，比细胞分裂繁殖进了一步，但只能在潮湿的地方繁殖发育。绝大多数的藻类、苔藓和蕨类是以这样的方式进行无性繁殖的。后来，植物为了适应在陆地生存，进化严酷气候条件下能够生存的物种，通过大、小孢子的分裂分化开启了经由“孢子”向“种子”的进化之路。从孢子无性生殖过程经过配子体，一直到配子融合的有性生殖过程，是植物界在繁殖方式方面进化的总趋势。种子成为高等植物的繁殖体，种子植物的完美生殖方式也为植物能够遍布全球各地打下了基础。由此，繁花似锦的植物界呈现在自然界。种子就是这样神奇，一个微小的颗粒竟幻化出万千世界。其中的原理靠简单的几句话怕是说不清楚，但正是世间万物皆从天意、合乎天理、自然天成，一次次看似无意的灵性如期而至，又一次次成就了花草树木繁茂的生命。

三、自然天成

植物之道，其实就在一个“生”字，“天下之物生于无，有无不分为道枢”（老子《道德经》）。所谓“草木无人种而自生”（老子《道德经》），其“自生”之道无非是“无中生有”“自然天成”。

自然天成，昭示着草木生发自有本体内在的规律，其自生自化皆源于此。所谓“人法地，地法天，天法道，道法自然”（老子《道德经》），“天地任自然，无为无造，万物自相治理”（王弼《老子注》）。如此自然“独立而不改，周行而不殆”。所以，植物既为自然之物，它自己蕴涵的性质，正是其自我生发的依据。试想，如果不是植物强大的洪荒（自然）之力，植物怎么能完成如此缓慢而又激烈的生命历程，又如何支配占地球生物圈99%的陆生环境？于是，植物也好，动物也罢，万物皆能相合，“天地相合，以降甘露，民莫之令而自均”（老子《道德经》）。“天地无人推而自行，日月无人燃而自明，星辰无人列而自序，禽兽无人造而自生，此乃自然为之也，何劳人为乎？”（出自孔子问礼的典故）曾几何时，人们视自然而非自然，以为人是自然的主体，能够控制自然、改造自然；于是对自然强取豪夺，自然（植物）生态不再，沙尘狂风肆虐，甘露求而不降。自然就是这么强大！

自然天成，即要无为而遵循植物自身生长的自然规律，“物亡返生，生生再生，不知其已”（老子《道德经》），“顺自然而行，不造不始，故物得至而无辙迹也”（王弼注《道德经》），即“无为而无不为”。就如植物的复原能力，即使去掉身体的90%之多也不会丧生，这种能力大多数动物是不具备的。还如植物即便是固着地生存而无法移动，也能通过自己的器官找到它所需的一切物质。这正是植物本身的基本运行机制，看似无为的演变进化造就了无所不能的植物神话。同时，也要看到植物顺天时、借地利、积人和，蓄势而为的自然法则。实际上，植物也深谙生存之道，比如“花朵聪明地利用了蜜蜂，蜜蜂在花朵之间搬运花粉”；松树巧妙利用松鼠把种子从这片树林搬到那片树林；不喜欢孤单的核桃树要求人们成片种植，否则不予结果。也许这正是植物利用动物的欲望来传播它们的基因，或许1万年前的农业文明也是植物利用人类来砍倒大片森林，进而控制了森林的蔓延（迈克尔·波伦《植物的欲望》）。相应地，无视植物的自然能力，一味追求对自然的改造，其后果是有目共睹的。“现代耕作”导致东北黑土地和广东的红土地出现了不同程度的沙漠化；“现代化学”导致授粉昆虫减少，部分植物不能结果；“基因工程”使植物物种单一化，缺乏对各类灾害的抵抗力；等等。这些都不同程度地导致了植物界的一些重大灾难。

“万物以自然为性，故可因而不可为也，可通而不可执也”，圣人“以辅万物之自然而不敢为”（老子《道德经》）。

植物尚能“衣养万物而不为主”（老子《道德经》），何况人！其实，社会人“生”之道莫不如此！“人生，亦自然之物；人有幼、少、壮、老之变化，犹如天地有春、夏、秋、冬之交替，有何悲乎？生于自然，死于自然，任其自然，则本性不乱；不任自然，奔忙于仁义之间，则本性羁绊。功名存于心，则焦虑之情生；利欲留于心，则烦恼之情增”（出自孔子问礼的典故）。

四、植例物语

（一）“偷渡”来的海带

在植物分类上，海带属于最低等的植物——藻类，其古老程度可追溯到30多亿年前的蓝藻，至今仍静静地生长在海水之中。不过今天的海带已经不可能进化为更高级的植物了，因为自然环境完全不同于那个远古时代。

海带是人们熟知和喜欢的食物，和其他生生不息的海洋植物一起构成海底森林。海带是适于在低温海水中生长的低等植物，属于亚寒带藻类，自然生长主要是在南北两半球从极地到温带的寒冷海水中，朝鲜北部沿海、日本北海道及俄罗斯的南部沿海海域大量天然生长。中国海域原本没有自然生长的海带。古籍中对海带的记载，比如南朝梁陶弘景的《名医别录》、晚唐李珣的《海药本草》都以“昆布”记，陶氏说它出自“高丽”，李氏说它来自“新罗”，两地都是朝鲜半岛的古国。海带在我国的大量出现则与日本入侵东北有关，它是一个“偷渡”客。据说是日本的船只无意中携带的海带孢子来到大连海湾，在海底的岩石上便长出了海带。后来才专门引入海带孢子进行种植试验，海带遂在大连星海湾大量种植并成为最受公众欢迎的藻类食品之一。

以海带、紫菜等为代表的藻类植物是植物界最原始的低等类群，是单细胞植物，一个细胞行使着一个生命体的基本功能。其中俗称蓝绿藻门的蓝藻门在藻类植物中是最简单、最低级的一门，也是历史上最古老的植物。早在30多亿年前，具有光合色素的蓝藻，利用水和阳光通过光合作用释放氧气，将太阳能转变成有机物，为真核单细胞异养生物提供了维持生命活动的能量。这些能进行光合作用的低等自养植物，开启了生物光合作用的先河，也为其他生物的出现创造了必需的条件。这种生命的诞生及其进化发展过程经历了极其漫长的年代，不仅使条件恶劣、一片荒芜的不毛之地披上了一层薄薄的绿装，还通过光合作用释放氧气使大气中的氧气浓度增加，并逐渐形成能够阻挡紫外线直接

海带：多年生大型食用海洋藻类。叶片带状，下部有孢子囊。具有黏液腔，可分泌滑性物质。太平洋西北部是海带的集中生长地，世界上绝大部分海带种类在那都有分布。海带是一种重要的海生资源。

辐射的臭氧层，从而改善了承担滋养各种植物、动物乃至人类生存重任的整个地球的生态环境。从此以后，拥有了适宜环境和能源的原始生物界开始了惊心动魄的漫长进化，逐渐诞生了复杂多样的植物、动物和其他高等生物。现存的藻类植物有 3 万多种。藻类植物多生活在海水和淡水中，也有的生活在潮湿的土壤、墙壁、树干甚至动物体上。除了紫菜、海带以外，发菜、小球藻、水绵等也都属于藻类植物。

（二）不起眼的苔藓

藻类植物在水底的光合作用对植物进化带来了巨大的影响，它们释放的氧气为植物的登陆奠定了基础。一些藻类植物就试着向陆地转移，比较容易适应的环境就是阴暗潮湿的地方，在那里地钱、葫芦藓等苔藓类植物出现了。在这样的群落里，苔藓类植物相互依存，看起来既相似又不同，其中最常见的葫芦藓与地钱就这样相伴相生于阴凉潮湿、半水半陆的水陆过渡地带。这些看起来微小柔软的细小植物，不仅生命力极强，既耐旱又离不开水，默默地扎根一隅，有点儿阳光雨露就能安然自若地成长，而且从不与别的生物争夺生存空间。苔藓是自然的一部分，既因自然的力量而生长，也是自然力量的源泉之一。也许，如果没有苔藓就没有人类的今天。南朝（齐）诗人谢朓在《游山诗》中提到苔藓，“荒隩被葴莎，崩壁带苔藓”，宋代文豪苏轼在《用定国韵赠其侄震》里说，“衡门老苔藓，行柏千兵屯”，多少有些让人感到苔藓那卑微与安定的生活姿态。

苔藓类植物已经有近 4 亿年的成长史，它们看起来低矮渺小，实际上却是威力颇大的古老植

苔藓：苔藓科、苔藓属。植物无花，无种子，以孢子繁殖，属于最低等的高等植物。苔藓植物分布范围极广，可以生存在热带、温带和寒冷的地区。

物。从系统演化的观点来看，苔藓植物起源于绿藻，大约在3.8亿年前的时候悄然上岸，是一个由水生到陆生的过渡类型，主要生长在林下阴湿土壤、沼泽地带等阴暗潮湿的环境中。苔藓植物是一类小型的多细胞绿色植物，其体型较小，大的也不过几十厘米。由于没有真正的根、茎、叶，所以是寄生或半寄生在配子体上。苔藓是无花植物，没有种子，由孢子萌发成原丝体，再由原丝体发育而成。苔藓植物在世界上约有2.3万多种，我国有2 800多种，药用的有21科、43种，常见的如葫芦藓、泥炭藓、角苔、地钱等。

地钱作为苔藓类群中的苔类，比藓类要显得原始和简单，它们甚至没有分化出茎和叶，根也是假根。因此呈叶状株体，匍匐于地面生长，靠着叶状体的前端不断分化而向前分枝，后面的老叶状体则不断死亡。这种常见的孢子植物是分布最为广泛的物种之一，井边、林地、墙角、岩石、朽木等阴湿的地方总能发现地钱的身形。由于地钱那小而薄的叶状株体既要吸收水分和无机盐，还要进行光合作用，所以富含有机质的基质更适合它的生长。

葫芦藓是我们身边最常见的苔藓。袁枚的“苔花如米小，也学牡丹开”说的是生活在不起眼地方的小小苔藓也能像牡丹一样执着地生长。但苔藓并不开花，它只有假根、茎和叶，身高不过 3 厘米。可就是这么简单矮小、自然生长的低等植物却是人类生存环境中不可缺少的伙伴：它分泌的一种液体能加速页岩的风化，促进土壤的形成；耐水湿的特性使它们成为“地表雕塑师”和“拓荒者”，进而促进沼泽陆地化；群集生长的苔藓能保持土壤、贮藏水分；它们产生的氧气还是地球上氧气的主要来源之一。苔藓天生对大气污染十分敏感，严重污染的大气可导致它们绝迹，因此可用于指示大气污染的程度。

关于苔藓的研究资料并不多见，见到最多的无非是食用和药用以及少量的观赏应用，但即使如此我们也不能忽视它们的价值。在植物由水生到陆生的过程中，它们是不可回避的重要类群。这些无花无果的细小生命，生活在不起眼的地方，很多时候被人们忽略，但却坚强执着，顽强地驻守在阴暗潮湿的地方，一片一片地开垦着人类已经十分珍惜的土地。

苔藓虽然很小，但心却很宽，即使是在偏隅一角，也一样绽放属于自己的美丽。网友的一段文字颇能说明苔藓植物生命的意义：“生命，即使低矮渺小，却不能卑微。我以匍匐的方式，聆听大地的心声。恣意的践踏和碾压，摧不毁我生存的意志。只需要雨露和尘土，我便盎然指向青天。活着，便要以一种方式，证明或妆点些什么，于是，藐视季节的变幻，我倔强地蔓延着。”

（三）蕨中之王——桫椤

蕨类植物产生于4亿年前至2.5亿年前，它们拥有根、茎、叶等营养器官，以孢子进行繁殖，体内进化出了维管组织，属于高等植物中较低的一类。蕨类植物多为多年生草本，广泛分布于热带和亚热带地区，是森林植被中草本层的重要组成部分。蕨类植物领地广阔，平原、岩缝、沼泽、水域等都有其地盘。所有的陆生高等植物都直接或间接地起源于蕨类，这在植物的系统演化过程中十分重要。现在生存在地球上的蕨类约有1.2万多种，多为土生、石生或附生，少数为水生或亚水生。我国大概有2 600多种蕨类植物，多见于西南地区和长江以南各地，仅云南就有1 000多种。蕨类也有药用价值，如能祛除风湿、舒筋活血的杉蔓石松，治疗化脓性骨髓炎的节节草，治疗痢疾、急性肠炎的乌蕨等。

由于不同种属的蕨类植物对生存环境要求不一，这一特点也就成了地质工作者寻找地下矿物的明显标志。比如，石蕨、肿足蕨、粉背蕨、石韦、瓦韦类等生长于石灰岩或钙性土壤地区，鳞毛蕨、复叶耳蕨、线蕨类等生长于酸性土壤地区。蕨类植物的叶子非常美丽，经常被用作观赏植物，如卷柏、桫椤、巢蕨、槲蕨等。

蕨类植物中唯一长成大树的是桫椤，它能长成高达6米甚至更高的大树，所以又称树蕨。现存的桫椤主要生长在热带或亚热带森林中，最高可达20米，像椰子树一样树干不分枝，树顶丛生着很多羽状复叶。靠孢子繁殖的桫椤树生长极其缓慢，几十年甚至上百年才能长1米，一棵不起眼的桫椤树都有可能经历了上千年的沧桑。中国的福建、台湾、广东、海南、香港、广西、贵州、云南、四川、重庆、江西等地有分布。

大约两亿年前的中生代早侏罗纪，桫椤曾经遍及全世界而且是最繁盛的植物，和那时的恐龙并称“爬行动物”时代的两大标志，并且桫椤还是食草恐龙的主要食物，见证了恐龙时代的兴盛和衰亡。恐龙消亡了而桫椤却独自留在人

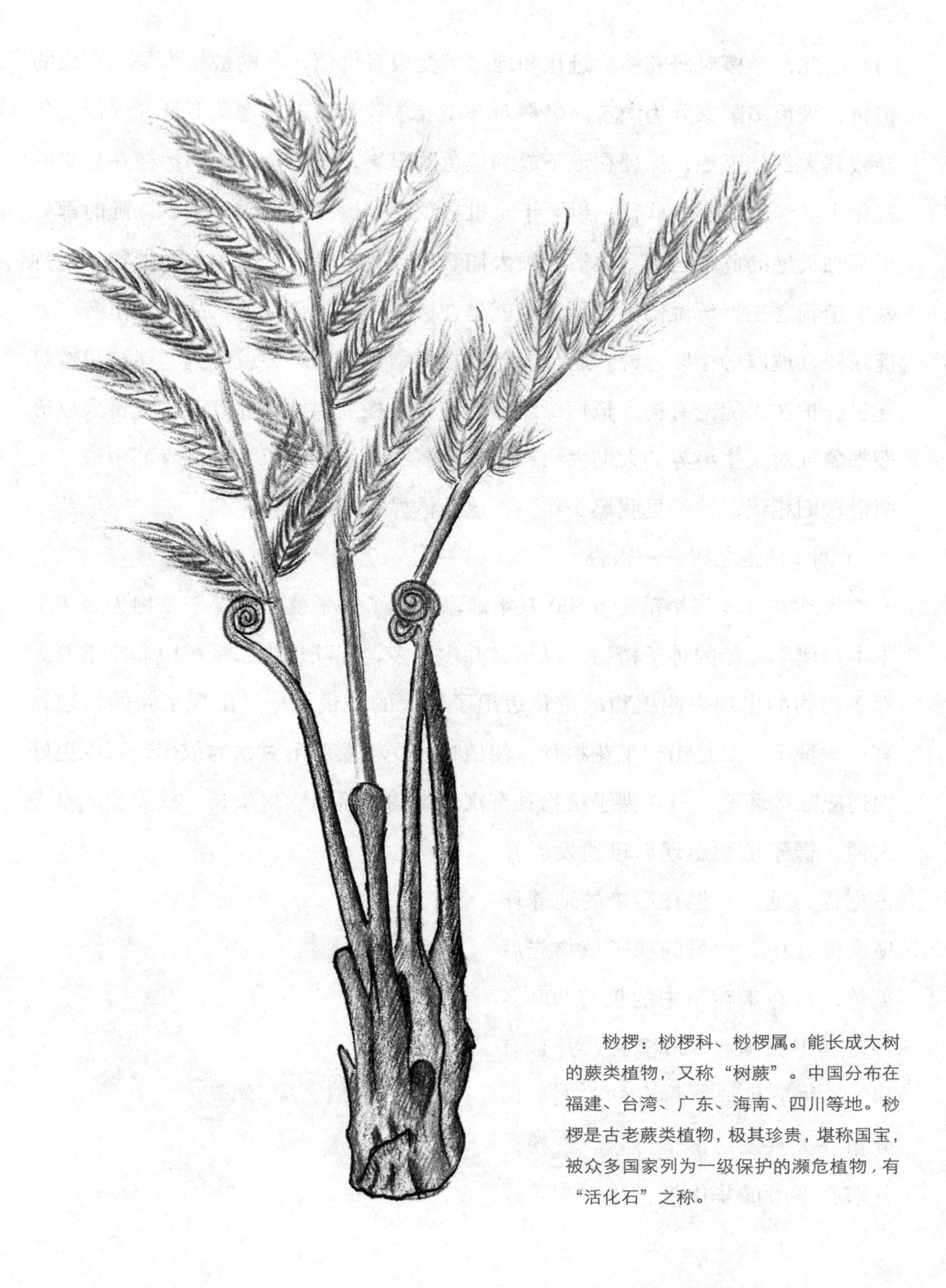

桫椤：桫椤科、桫椤属。能长成大树的蕨类植物，又称“树蕨”。中国分布在福建、台湾、广东、海南、四川等地。桫椤是古老蕨类植物，极其珍贵，堪称国宝，被众多国家列为一级保护的濒危植物，有“活化石”之称。

间，因此，桫椤对研究植物进化和地球演变很有价值，一向被认为是化石级的植物，被很多国家列为国宝。桫椤对环境要求较为苛刻，地质变迁和气候变化导致其大部分灭绝，深埋在地下成为黑色的煤炭，少数留下来的桫椤在后来的进化中又经历人类的砍伐，以至于全世界现存的桫椤已经十分稀少，随时都处于濒临灭绝的危险之中，故桫椤被人们看成现存最珍贵的木本蕨类植物，堪称蕨类植物之王。传说佛祖释迦牟尼就是在桫椤树下坐化涅槃，故佛经里有“菩提双树，彼岸桫椤”之说。唐代殷尧藩在《赠惟俨师》中就写到“谈禅早续灯无尽，护法重编论有神。拟扫绿阴浮佛寺，桫椤高树结为邻”，足见诗人以桫椤来象征对人生境界的大彻大悟；清代赵翼在《泊燕子矶游永济寺》中说“一树桫椤旧相识，曾经见我黑头年”，这让桫椤有了些文化意蕴。

（四）神圣之树——银杏

大约在2.3亿年前至6 500万年前，出现了裸子植物。裸子植物为多年生木本，属于原始的种子植物，以高大乔木居多，在陆地生态系统中非常重要。裸子植物的出现表明植物的进化迈出了较大的步伐：一是出现了新的繁殖器官——种子；二是出现了花粉管，使植物的受精摆脱了对水的依赖，可以更好地适应陆地环境；三是裸子植物具有次生结构，可以次生生长，从而长成参天大树。裸子植物出现后迅速发展并占据优势地位，但在后来的地球环境大变迁中，大量的裸子植物先后灭绝，现在幸存下来的仅有800多种，其中我国有300多种，并且有140多种是我国所特有的。例如，分布在大兴安岭的落叶松、红松，分布在秦岭的华山松，分布在长江

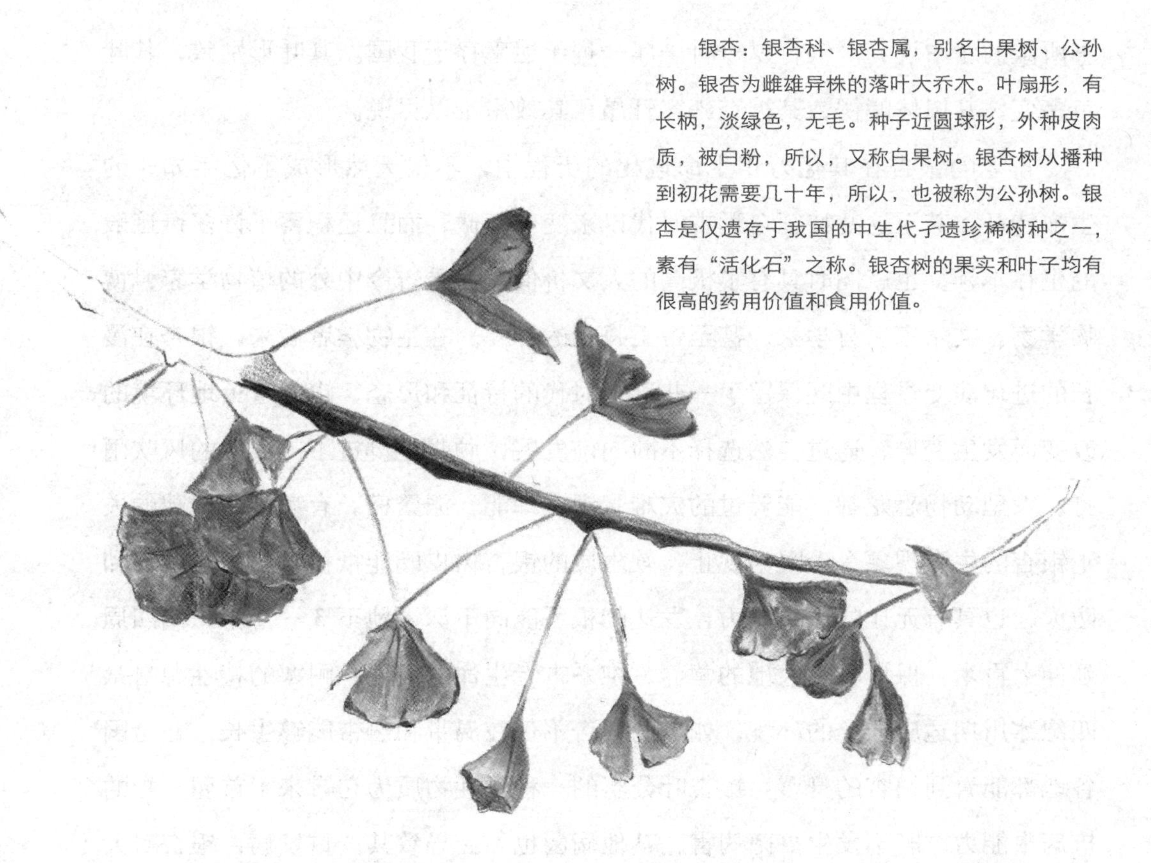

银杏：银杏科、银杏属，别名白果树、公孙树。银杏为雌雄异株的落叶大乔木。叶扇形，有长柄，淡绿色，无毛。种子近圆球形，外种皮肉质，被白粉，所以，又称白果树。银杏树从播种到初花需要几十年，所以，也被称为公孙树。银杏是仅遗存于我国的中生代孑遗珍稀树种之一，素有“活化石”之称。银杏树的果实和叶子均有很高的药用价值和食用价值。

流域以南的马尾松和杉木林。这些高大的树木主要用于木材、观赏，部分可食用、药用。

在裸子植物当中不乏古老而又神圣的树种，但以银杏为最，它堪称植物界的活化石。

银杏又叫白果树，是与恐龙同时代的“活化石”，与雪松、南洋杉、金钱松一起，被称为世界四大园林树木。银杏是我国特有的第四纪冰川时代孑遗树种，也是种子植物中最为古老的树种，在中国有着特殊的地位和珍贵的价值，常与牡丹、兰花相提并论，被誉为园林三宝。古人称银杏“叶如栏边迹，子剥杏中甲。持之奉汉宫，百果不相压”。莫言在为赵仁东编著《银杏文化学》一书所做的序中说："银杏以一科一属一种孑遗幸存于我国。其叶形别致，其叶色多变，其树体峭楞，其神态雍容轩昂，其效用难以尽说。"

古老的银杏在其亿万年生命进化的历程中，不仅天然形成了亿年如一的生命特征，甚至这些特征自远古时代以来变化甚微，而且还积蓄了许多奇迹般的生存本领。也就同时具有了极高的人文价值，深受古今中外的植物学家、博物学家、文学家、哲学家，甚至帝王将相的钟爱。在生物学者看来，银杏在漫长的进化演变过程中既保留了一些远古时代的特征和形态，也随着天地环境的改变而发生变异，通过自然选择不断向前发展，顽强地挺过了一次次的风吹雨打。大型动物恐龙都没能躲过的灾难，银杏却能一派繁盛。有考证和记载的关于银杏的生命现象令人叹为观止：软木质的银杏树皮既能抵抗外部强大冲击和防火，也具有无比的再生能力；发达的根系能向下深入地下 3 ～ 4 米，向四周延伸上百米，保证吸收大地的营养，维系古老生命的新生；耐寒的特性源自第四纪冰川期适应严酷的环境，如今的银杏不仅在温带和热带能够生长，在全国各地都能看到银杏的身影；银杏叶分泌的一种活性物质为它带来了首屈一指的抗病虫能力，既不发生真菌病害，其他病菌也不会导致其严重发病；银杏对大气中的有害气体污染表现出较强的抵抗力，在同样的范围内，一般树木遭受大气污染危害后会有不同程度的症状，而银杏则安然无恙；银杏的抗辐射能力也非同小可，即便是长崎和广岛的原子弹爆炸也摧不毁其中的一株中国银杏，不影响它的再生和繁茂。如此顽强的银杏既是大自然锤炼的生长优势，也是自身进化积淀的生命奇迹，所以才有了银杏在生命和生态、经济和社会、文化和交流上的重要价值。

（五）天作之"禾"——谷子

植物与人类的关系是大自然的杰作，他（它）们从源起的那一刻起就以各自的方式展示着自身无穷的魅力，相互之间的选择和利用构成了天地之间最为波澜壮阔的交互之旅。邢永富在为刘凤彪编著的《植物文化赏析》一书所作的序中说："没有植物，我们不知道会不会有人，但人显然离不开植物。植物远早于人类来到地球上，会不会就是上苍的安排！它们正在等待着他们，抑或是在为他们做着准备！这种无法证实是有意还是无意的等待，是超级智慧还是自然而然，人类自己怕是难以明白。……不过，值得庆幸的是，在这两种生命的交互延续过程中，他（它）们都走向了文明。"

6 500万年前以来，植物就进化到了最高级的类群——被子植物，正是它们形成了茂密的森林、广袤的田野，一直在地球上占据着绝对优势，在自然界属于分布最广、种类最多、结构最复杂、适应性最强、应用最广泛的种类。目前，被人类认知的被子植物共1万多属，20多万种，占植物界的一半。而真正走进人类生活、开启人类文明、与人类关系最为密切的就是那些栽培植物，即那些源自天然而被人工栽培且为人类直接利用的各种植物。当人类把某些自然生长的植物驯化为农作物时，植物的生命智慧与人类的生命智慧就彻底交融了。这既是植物的胜利，也是人类的骄傲，两类不同的生命自此有了全新的联系。到目前，人类栽培的农作物有200多种，由中国古代劳动人民驯化栽培的农作物有谷子、水稻、荞麦、大豆、萝卜、白菜，果树有桃、李、杏、梨、荔枝、柑橘，等等。其中，谷子是中国北方农业文明起源的标志性作物。

在《诗经》当中我们可以看到"无田甫田，维莠骄骄""无田甫田，维莠桀桀"这样的诗句，意思是公田里的"莠"长势很"骄"、很"桀"。诗的真正寓意我们先不管它，这里提到的莠就是谷子的祖先，又叫狗尾草。它的生命力非常旺盛，完全是随遇而安，既不要求富饶的土地，也不贪婪富足的肥水，田间地头、荒凉山野都能自由茁壮地成长；只不过当它与自己的后代谷子长在一起时就是"良莠不齐"了。正是莠将如此顽强的生命力传给了谷子，才使得谷子成为耐旱能力、自生能力都很强的作物。

谷子：禾本科、狗尾草属。穗成熟后金黄色，粒小多为黄色，去皮后俗称小米。原产中国，在中国北方有较广泛的种植。广泛栽培于欧亚大陆的温带和热带，中国黄河中上游为主要栽培区，中国其他地区也有少量栽种。

远古时期，我们的先民过着原始采集、狩猎的生活，在采集中人们逐渐学会了辨认果实和种子，而且发现这些种子随风飘落到地面上还会长出新植物。于是古人就把采集到的种子种到驻地周围，原始的农耕文明肇始了。谷子就是在对莠不断地栽培选择过程中形成的，而且在5万年前我国北方先民就已经开始了这样的驯化过程。谷子最早称为粟，在陕西西安半坡、临潼姜寨、宝鸡北首岭、内蒙古兴隆、河北磁山、河南裴李岗、山西西荫村等新石器时代的文化遗址中，都挖掘出了大量的谷子化石，说明距今七八千年前粟已经在我国北方得到了广泛的种植。因此联系着我国农业文明的起源，夏和商也一度被认为是“粟文化”时代。后来的《氾胜之书》《齐民要术》中，都把谷子列为五谷之首；唐代诗人李绅的《悯农》“春种一粒粟，秋收万颗子。四海无闲田，农夫犹饿死”中说的粟也是谷子。足见谷子在我国北方地区人们生活中的重要地位。

谷子成为中华民族首选的栽培作物，与其极强的抗旱性和短生育期的特点不无关系。这些易栽易活、宜种宜管的特性都源自狗尾草的生物学特征，正是在这样的基础上，辅以人类的选择和栽培，一个给人类社会带来巨大影响的植物就早早地来到了东方古老的这片热土上。

（王振鹏）

第二章　物知其数

卜算子·物知其数

（新韵：六豪）

我自土中来，

我靠阳光照。

风雨之中次第生，

造就神奇貌。

先展叶层层，

再秀花含笑。

叶叶花花貌若何，

处处含灵俏。

万物皆数。在中国，要说谁没文化，大都会报以谦和一笑；但如果说谁不识数，他多半会对你着急。在自然界，植物也“心中有数”，如果不是植物对数的精密算计和巧妙运用，既不会有如此精巧的植物生命，恐怕也难以出现人类对数的认同和崇拜。

数，是一种极其重要而又极其特殊的文化。说其重要是因为古今中外万事万物都离不开数，说其特殊是因为所有文化皆认同有数。所以说，数是文化之神，统领一切文化。数能有这样的地位，植物当是功不可没。因为植物天生就具有典型的数学特征，还有严密的数学规则，这样的特征和规则客观地存在于植物体内，并在植物的生长过程中得到自发的遵守。从某种程度上讲，是数学规律在支配着植物的生长和延续，茎干的柱状、分枝的角度、叶子的序列、花朵的形态、果实的形状、种子的分布，等等，这些都展现了令人不可思议的数学内涵。可以肯定地说，植物在几十亿年的演进过程中，它受到数学规律的支配和约束。只有选择符合数学原则的茎干、叶片、花朵、果实、种子等，植物才能在自然界中生存、发展并逐渐强大起来。

从这个意义上来说，数学即便不是全部、至少有一部分应该是由植物创造的。因为在人类还没有来到这个世界之前，植物就按着这些既定的数学规律生活了几十亿年了。显然，植物具有的数学特征并没有人类的干预，而是自然选择形成的。所以，我们可以认为植物是数学的创造者，数学家只是发现了植物界的数学奥秘。

现代科学早已证实，在细胞内部的遗传物质核糖核酸和脱氧核糖核酸分子结构上，还有一个神奇的双螺旋。搭建这个结构的碱基序列成为记录祖先信息的重要部件，而这个部件完全掌控着自然选择的遗传和变异。人们在掌握了这些序列以后，就开始了通过修改这样的序列，对包括植物在内的生命体的改造。至此，从宏观的植物长势到微观的植物遗传，数学毫无疑问地发挥了巨大的作用。虽然我们还不能确切地分析植物为什么会有这些数学规律，但一个基本的理念我们不能忽视，那就是植物为了提高生命的效率和质量而尽量采取一定的秩序（如叶序、种序等）、构成一定的空间（如圆柱形茎枝、圆球形果种等），这样做能让植物以最小的付出换来最大的收益（包括光照、通风、传播等）。

于是，在绚丽多彩、生生不息的植物界，我们看到了3个花瓣的百合和蝴蝶花、5个花瓣的桃花和梅花、8个花瓣的翠雀花、13个花瓣的金盏草和万寿菊、21个花瓣的紫菀、34个花瓣的雏菊；也看到了向日葵种子、花椰菜表面的隆起、松果和菠萝表面鳞片等表现的双螺旋；还看到了小麦和水稻相邻茎节的黄金比例；还看到了大树主干横截面积是分枝树干的横截面积之和；还能看到花朵和叶片形态的茉莉花瓣曲线。只靠效率论解释不了这么多数学上的巧合了，有人说这可能是由植物自然带有的基因所决定的；也有人说植物也爱美，符合数学规律的生长方式体现了大自然的和谐之美。

一、植物的斐波纳契数列

数学上的斐波纳契数列是意大利数学家列昂纳多·斐波纳契研究养兔场兔子演化的数学模型时提出的，又称“兔子数列”。大体意思是，养兔场的兔子在出生两个月后就有生殖能力，一对兔子夫妇每个月生出一对小兔子。假定所有兔子都不死，那么一年12个月，每个月兔子的总对数分别是1，1，2，3，5，8，13，21，34，55，89，144。这个数列的基本规律是每一个月兔子的总对数等于前两个月兔子总对数之和。单从数字看，后一数字是前两个数字之和。

令人感到神奇的是，植物的叶片数（叶序学）、树的年分枝数（鲁德维格定律）、花的花瓣数、一些种子的果粒数、一些果子的鳞片数等，它们都符合斐波纳契数列。植物身上频繁出现的这些数学规律，让我们无法相信这是偶然的！

围绕植物枝干旋转生长的树叶是按斐波纳契数列排列的，有人称之为“叶序学”。和养兔场一样，对枝干上叶子的研究要做如下假设：一是假定树叶不会折损，二是在枝干上选取一片叶子记数为 0，然后顺次向上数叶子，当到达与记数为 0 的那片叶子正好对应的位置时，其间的叶子数量多是斐波纳契数。如桃的叶片正好是轮生状，每 5 片叶绕枝 2 圈回到最初角度；常见的花卉植物如观音竹、罗汉松、牵牛花等叶片也是如此，叶片轮生每 5 片叶又回到了最初的角度。实际上，关于叶子的斐波纳契数列还有其他表现，那就是叶片在绕着植物的轴心旋转生长时，在一个轮回中旋转的圈数也符合斐波纳契数列的规则。

树干的分支更有趣，主干长出新枝条以后总是要休息一段时间积蓄营养，然后再萌生新枝条。一棵树苗隔一段时间长出一个新枝，新枝也要休息同样的时间再长新枝。这样，老枝与休息过的新枝会同时萌生新枝，结果是一棵树按年份的树枝数量就构成斐波纳契数列。这就是生物学上著名的鲁德维格定律。

花瓣的斐波纳契数列比较容易观察。3、5、8、13、21，这些看起来与植物无关的数字，我们可以在很多植物的花瓣数量上寻得一致。鸢尾花、兰花、紫鸭跖草、百合花和蝴蝶花等植物的花有 3 片瓣；苹果、梨、桃、梅花、李花等蔷薇科的花，大多数是 5 片花瓣；即使花瓣多的复瓣花的花瓣也是 5 的倍数。翠雀属的植物花瓣多是 8 片，万寿菊的花有 13 片花瓣，紫菀属的植物花瓣多是 21 片，雏菊的花瓣多是 34、55、89。还有，松树按针叶有单针的雪松、2 针一束的油松、3 针一束的白皮松和 5 针一束的华山松等，1、2、3、5 也构成了斐波纳契数列。当然，我们也可以找到一些植物，它们的花瓣数不是斐波纳契数列，但这并不妨碍我们来研究植物与数学神秘的巧合。

植物果实与斐波纳契数列相关联的是种子的排列。如向日葵的果盘不论大小，种子的排列总是一组顺时针方向盘绕，另一组则逆时针方向盘绕，并且彼此相连。即使在不同的向日葵品种中，种子排列的顺时针、逆时针方向和螺旋线的数量有所不同，可往往不会超出 34 和 55、55 和 89 或者 89 和 144 这 3 组数字。

有些果实表面的鳞片很有特点。比如松果，它的表面鳞片呈螺旋状缠绕，而且是两个相反方向的螺旋，一个是顺时针方向的螺旋，一个是逆时针方向的螺旋。特别的是，顺时针螺旋数和逆时针螺旋数总是斐波纳契数列中挨着的两个数。经常见到的是 5–8 型，8–13 型或者 13–21 型，但绝对不会出现 6–9 型或者 8–11 型。菠萝表面的鳞片和花椰菜表面的隆起，其螺旋的数量也符合斐波纳契数列。

二、植物的黄金分割

植物的黄金分割现象在本质上与斐波纳契数列是相一致的。后人从斐波纳契数列中发现，从第三个数字开始，每一个数字与其后一个数字的比都接近 0.618，而且越往后的数字，就越接近。令人神往的 0.618，神奇的 0.618，由公元前 6 世纪古希腊数学家毕达哥拉斯所发现，后来古希腊哲学家柏拉图将其称为黄金分割值。一个事物（比如一个线段、一幅画作、一个雕塑、一个建筑、一株植物、一个人体，等等）如果一分为二，那么较大的部分与整体的比例为 0.618 时，最能给人带来美感，在很多艺术品中都能找到这个 0.618。绘画、雕塑、音乐、建筑等艺术作品中富含黄金分割，在自然界中天然存在的植物中也能看到黄金分割。

车前草是盘状茎，叶片像花瓣一样沿着盘状茎在地面均匀散开，它轮生叶片间的夹角恰好是 137.5°。一个圆周是 360°，车前草叶片夹角的余角是 222.5°，137.5 与 225.5 之比正好也是接近 0.618。

植物根据黄金分割律角度排列的叶片能互不覆盖巧妙镶嵌，从而在一定范围内构成最大的采光面积。对植物的芽来讲，可以有最多的生长方向，占有尽可能多的空间；对叶子来说，意味着尽可能多地获取阳光进行光合作用，或

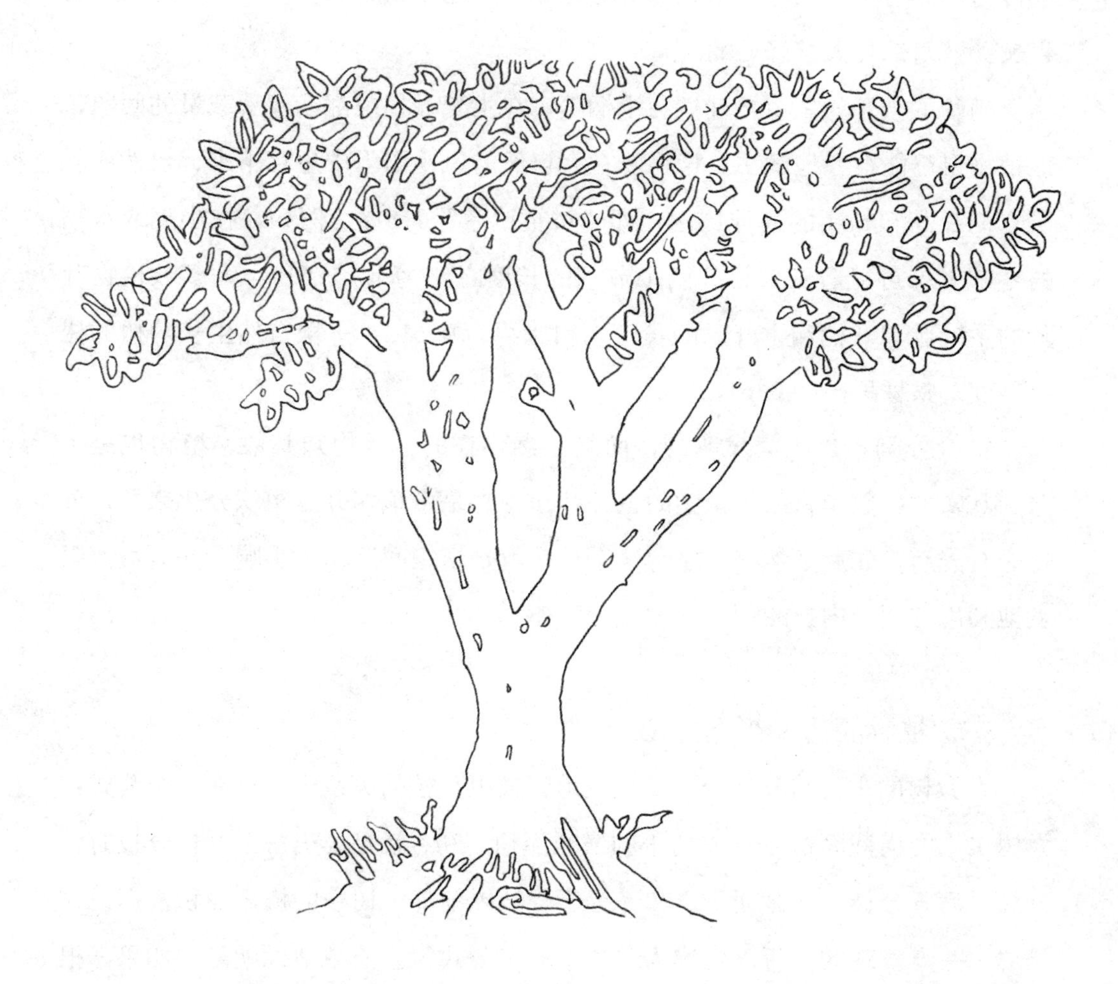

数学上的斐波纳契数列是在一列数中，后一数字是前两个数字之和。

令人感到神奇的是，植物的叶片数（叶序学）、树的年分枝数（鲁德维格定律）、花的花瓣数、一些种子的果粒数、一些果子的鳞片数等，它们都符合斐波纳契数列。植物身上频繁出现的这些数学规律，让我们无法相信这是偶然的！

承接尽可能多的雨水灌溉根部；对花来说，意味着尽可能地展示自己吸引昆虫来传粉；而对种子来说，则意味着尽可能密集地排列起来。这一切，对植物的生长、繁殖都是大有好处的。

植物的枝干、茎节、叶柄与果柄等，在生长过程中都涉及承载量的问题，但植物自己能很好地解决。植物能在大自然的风霜雨雪中生存下来，自然成就了它们长高和长粗的最佳比例，即“黄金比率”0.618。例如，在小麦或水稻的茎节上，可以看到其相邻两个节间的长度之比为1：1.618；大多数植物叶片的主叶脉与叶柄和主叶脉的长度之和比约为0.618；一棵自然生长的树的树冠高度是整株树高的0.618。

黄金分割不是人为发明的，而是天然存在的，是物知其数，植物也是个名副其实的“数学家”。植物的茎、叶、花都是由顶端分生组织分化来的，分化必有先后，先后必然有秩序。这个秩序就是组织间互相不影响，并能最大限度地利用空间，内在的理就是黄金分割律。

三、植物的达·芬奇公式

在大树的主干与分枝、分枝与枝组、枝组与枝的关系中，存在一个公式：大树主干的横截面积＝分支树干的横截面积之和，就是说当一个树枝分枝时，分枝以后各分枝的横截面积之和，等于分枝以前那个树枝的横截面积。据说这是达·芬奇发现的，所以也称为“达·芬奇公式”。简单地说就是：如果一根树干分叉为两个树枝，那么两个树枝的横截面积之和等于树干的横截面积；如果树枝接着分别分叉为两根小树枝，那么这4个次生分枝的横截面积总和仍等于树干的横截面积……依此类推。

其实，也不复杂。大树的水分和矿物质的运输主要靠枝干里的维管束进行。而每个维管束就相当于一根管道，直通到每一个叶片和果实。所以，主干的维管束数就是其上部分枝所有维管束数的总和；其横截面积当然也就是其分枝横截面的总和。

“达·芬奇公式”对生产也有指导意义。据罗新书在《乔砧苹果、梨密植条件下树干粗度与产量及果实大小的相关分析》(《烟台果树》1981 年第一期)一文中指出，幼树开始大量结果时的树干粗度与单株累积产量间呈明显的正相关。因此，也可以依据树干单位截面积来确定合理负载量，如苹果和梨的负载量可以确定为 3 ～ 4 个果(约 0.7 千克)/ 平方厘米。

四、植物的笛卡儿叶线

笛卡儿是 1596 年生于法国的著名数学家、物理学家和哲学家。笛卡儿于 1638 年提出了一个重要的代数曲线，即“笛卡儿叶线”，也是一个“心形线”。他根据植物花瓣和叶子外缘的曲线特征，提出了“$x^3+y^3-3axy=0$”的曲线方程式，其中的参数 a 可以变换不同数值，并可据此绘制出不同植物花瓣和叶子的外缘图形。这是一个既形象又准确的花瓣和叶子的形态，它完美地解释了植物叶子和花朵的形态所遵循的数学规律。在数学史上，人们把笛卡儿提出的这个曲线方程命名为“笛卡儿叶线”，也形象地称作“茉莉花瓣曲线”，其与植物的关系可见一斑。

植物花瓣和叶子的形态全由天造，是自然选择的结果，其所表达的数学规律并不由人类的研究所决定。虽然后来在对睡莲、三叶草、常青藤等进行的研究也发现，植物的那些优美造型与特定的“曲线方程”密切相关，但人类依然无法明白，植物为什么会选择这样的形态。事实上，植物的很多器官都有近乎完美的形状，它们都表现出这样或那样的秩序，例如植物茎秆多为圆柱也偶有棱形，植物种子的形状有球形、扁球形等。或许，还有更多的自然形成的植物形态等待着人类去发现。

五、植物的二进制

有许多植物在纹理上或分枝上存在“一分为二”的二进制现象。如银杏和睡莲叶片的主次叶脉就表现得极为突出和严谨，它们的主叶脉长到一定长度后会分成两个二级叶脉，二级叶脉再继续一分为二，一直分到叶缘。这种叶脉在植物学上被称为“二叉状平行叶脉”。

在高等植物的分枝类型中有一种类型叫二叉分枝（有真二叉分枝和假二叉分枝）。如常见的茄子，它的分枝就是一分为二、二分为四，等等。由于在每个分枝处都会发芽，会结出茄子，所以人们就形象地称其为门茄、对茄、四母斗、八面风和满天星等。与茄子具有相似分枝类型的植物还有丁香、合欢树、荆条、金银木等。

其实，二叉分枝是低等植物的普遍分枝方式，如蕨类植物和苔藓植物等。这可能是源于原始细胞的分裂繁殖方式，虽然后来的植物分而不裂，但这种分的习惯还是延续了下来。

另外，越是低等的植物，其顶端分生组织生长越弱，甚至自行退化，其下的侧芽开始萌生，于是形成了二叉分枝。也有的高等植物的顶芽容易出现花芽，即花打顶的现象；或者是顶芽生长弱，常被其下的侧芽所代替，最终形成了假二叉分枝的现象。

六、植物的时间控制

植物的物知其数不仅体现在空间上，在时间上也有很精准的控制。

花是植物的生殖器官，叶片是制造营养的器官。如果营养不积累到一定程度，是不会形成花芽的。如瓜类蔬菜一般在生到第 7 ~ 11 片叶时，叶腋开始着生第一朵花；西红柿在第 6 ~ 10 片叶时着生第一朵花。这大概是植物能计算出开一朵花需要多少营养吧。

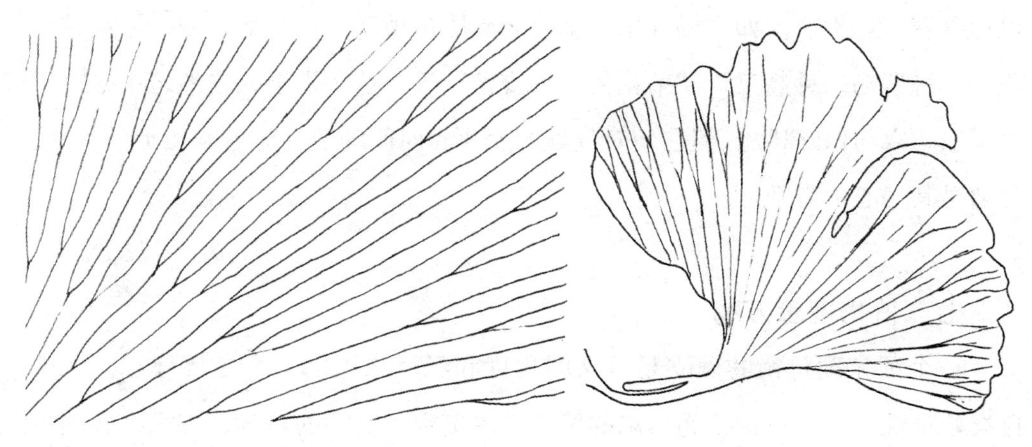

有许多植物在纹理上或分枝上存在“一分为二”的二进制现象。如银杏和睡莲叶片的主次叶脉就表现得极为突出和严谨。它们的主叶脉长到一定长度后会分成两个二级叶脉，二级叶脉再往前走，会继续一分为二，一直分到叶缘。这种叶脉在植物学上被称为“二叉状平行叶脉”。

对木本植物来说，播种后经过若干年才能形成花芽。如嫁接的果树苗木有“桃三杏四梨五年”之说，但对播种的实生苗来讲，开花要晚得多。桃树需要 5 年，梨树需要 8 年。树木形成花芽不仅是营养积累的事，还有负载量的问题。没有足够结实的枝干，果实就会坠地。

植物的种子是种族延续的器官，所以，植物对种子的成熟期的把握非常好。凡是春天开花的植物，种子成熟时间都长；夏天开花的植物，其种子成熟期都短。植物要保证其后代的成熟放在冬季到来之前，而把种子的萌发放在春天。

我国劳动人民总结出来的二十四节气与气候、物候，与天文、地理，与植物、动物，都有着密不可分的关系。其中隐含着大量与作物的种、管、收、藏密切相关的严格的数学推演，而这些推演明显也是作物自身生长的基本规律。

例如，古人经年累月观察，记录下了惊蛰之日桃始华，清明之日桐始华，寒露三候菊有黄华等现象。同样，我们可以根据桃始华推断出惊蛰日，桐始华推断出是清明，菊有黄华推断出寒露三候。植物对时间的把握不仅代表时令，也指导着农业生产。如“杨叶拍巴掌，老头压瓜秧”“杨叶如钱大，遍地种棉花”“柳絮扬，种高粱”“菊花黄，种麦忙”等。植物生于大自然之中，从不用采取防寒与保暖措施，但它们对气候的变化和时间的变迁有着本质上的敏感。可谓是其“心中有数”。

七、植物度量万物

一个国家度量衡的确立是其文明程度和经济水平的一个主要标志。我国自秦始皇统一了度量衡，为后来的经济发展奠定了良好的基础。那么，我国古人是如何确立度量衡的呢？这与植物有密切关系。

度量衡是指在日常生活中用于计量物体长短、容积、轻重的物体的统称。其中计量长短用的器具称为度；测定容积的器皿称为量；测量物体轻重的工具称为衡。据《孙子算经》记载，度量衡的发起如下：

长度单位：蚕所吐丝为忽，十忽为一秒，十秒为一毫，十毫为一厘，十厘为一分，十分为一寸，十寸为一尺，十尺为一丈。

容量单位：十粟为一圭，十圭为抄，十抄为撮，十撮为勺，十勺为合，十合为一升，十升为一斗。

重量单位：称之所起，起于黍，十黍为一絫（“累”的古字），十絫为一铢，二十四铢为一两，十六两为一斤。

黍、粟都是植物，蚕丝也是蚕吃桑叶而吐，也与植物有关。指导中国几千年的度量衡都是通过植物建立起来的联系，可见植物不仅知数，而且有稳定的数。

数学是神奇的，植物也是神奇的；数学的神奇源自数学家，植物的神奇源自天然。当两者结合在一起时，神奇的效果出现了：人们根据树干的尖削度设计出粗细延展的电线杆结实耐用；根据竹子的空心和节设计出了混凝土管道畅通无阻；建筑师们参照车前草叶片排列的数学模型，设计出了新颖的螺旋式高楼，最佳的采光效果使得高楼的每个房间都很明亮，而且还稳定不倒；工业设计师根据枫树的翅果改善了直升机和风力发电设备的扇叶，降低了材料使用量，提高了强度和性能。

一切都源于物知其数！

（王振鹏）

第三章　物竞天择

秋风清·物竞天择

（新韵：十一庚）

追光生。

逐水芃。

叶落又秋末，

冬来生雾凇。

花开花谢春风暖，

芰荷暮雨听蛙鸣。

物竞天择是达尔文（1809—1882，英国生物学家）生物进化论的核心思想，其认为生物之间普遍存在着相互竞争的关系。只有经过生存竞争，并且能够适应环境的优胜者，才能被留存下来而繁衍生息，不能适应环境者将会被淘汰。我国近代思想家、启蒙家严复在其译著《天演论》中曾论述道："物竞者，物争自存也，天择者存其宜种也。意谓民物于世樊然并生，同食天地自然之利矣。"严复以"天择"诠释生物进化生存现象，与适者生存同意，并指出"物种"与"民物"皆因进化争存而永不停滞，适者增繁，逆者减消。梁启超在《新中国未来记》中把物竞天择之意更进一步引用到人类社会，曾经阐述道："因为物竞天择的公理，必要顺应着那时势的，才能够生存。"中西方哲人不约而同地认识到，自然界中生物的生发和演变是"物竞天择，适者生存"的必然结果。万物皆在优胜劣汰的竞争中，通过自身传承与外部自然选择才得以生存和发展。

那么，在丰富多彩的植物世界，是如何演绎"物竞天择"的生态戏剧的呢？植物在不断产生与湮灭、进化与退化、发展与衰落的历史进程中，给人们带来了什么样的生命启迪呢？

一、竞争是生命活动的常态

纵观地球上的野生植物，没有哪种不是通过竞争而延续下来的。而那些接受了人类干预的植物，其实也是一种竞争。只不过这些人工栽培的植物，选择了接近人类并经过人类的驯化与改良。放到人与自然共处的视野中，这何尝不是一种更广泛意义上的竞争！

植物之间的竞争既有种内的又有种间的。如在同一片森林中，同种树个体之间存在明显的相互竞争，生长快的将很快占有附近的阳光和土地资源，生长慢的个体会越来越弱。我们也经常看到玉米与杂草之间的竞争现象，如果这一片地里杂草占优，玉米植株长势就孱弱不堪、奄奄一息；如果杂草稀少，玉米长势就非常良好。植物之间的竞争更常见于大树底下，俗话说“不在树下栽树”，大树之下草木稀疏，也鲜有其他树种。

植物在竞争与生存的斗争中充满了智慧，一部分植物通过竞争继续生存了下来，另一部分植物通过改变自己的性状也适应了环境。“不变而竞”常常表现在种内的相斥和斗争，喜光者为阳光而争，喜水者为水而斗，喜温者为积温而抢。“变而化之”表现出种间相容态势，松树喜光则枝干高挺、高高在上，蕨类喜阴则利用松树造成的斑驳光影；松树根深叶茂，物质交换力强，吸收深层丰富的水分和营养，蕨类根浅，汲取浅表层淡薄的水和养分；松树的落叶丰富了蕨类植物生长的土壤，蕨类植物为松林保护和涵养了土壤。

这些看似有意无意的竞争与协作关系，实则是植物在演绎自然界最为华丽的生命篇章。从植物的进化历程中我们也不难发现，通常被认为没有意识的植物，它们的生命是伴随着自然界的发展变化，从而具有了可被人们借鉴的智慧和行为。植物在不断改变着自身，以顺应潮流、与时俱进，方获得了几十亿年之久的繁荣昌盛。从单细胞到多细胞，从水生到陆生，从孢子植物到种子植物，这一次次的蜕变与上升，都是激烈的生存竞争和自然选择的结果。

（一）顺势而为

1. 借势而生

借势而生是生命现象最基本的生存法则和智慧。首先，借势即借天地之势，实际上是顺应自然力量的意思。我国北宋时期的哲学家周敦颐在其《通书》中论述道：“天下，势而已矣。势，轻重也，极重不可反。识其重而亟反之，可也。反之，力也。识不早，力不易也。力而不竞，天也；不识不力，人也。天乎？人也，何尤！”

荠菜是北方早春常见的野菜，植物异常矮小。成株一般是由几片不到10厘米长的叶片平铺在地上。所以，荠菜在生长上没有任何优势。但荠菜特耐低温，借天地之势，在早春其他植物还没有发芽生长时，它率先返青生长、开花和结实，最快不到1个月即可完成整个生命历程。苔藓的生命周期是离不开水的，所以，在一年中的大多数时间苔藓都是干巴巴的枯黄状态。但一到雨季，它马上醒来开始生长、繁衍、传播。在短短一个多月的雨季里，几乎所有背阴潮湿的地方都遍布着苔藓，形成一道道靓丽的雨季风景线。

2. 内外协调

植物是生物圈中种类最繁多、形态结构最变化多端、表现形式最令人惊奇的生命形式。有的植物根深达岩层，有的根浅飘摇不定；有的植物体高耸入云，有的匍匐微小；有的叶阔如盖，有的细如针稍；有的七彩花色、香气四飘，有的颜色单一、简单低调；有的累累硕果枝头炫耀，有的果小如米随风缥缈。植物既有种群之间的竞争、包容和共存，也有内部各器官的协同、分工合作，其本质都是一种竞争与协调的生命智慧。

高等植物的各个器官是从低等植物未分化的细胞团中，经过长期的自然选择进化而来。植物的根、茎、叶、花、果、种之间的分工合作，支撑着植物生命的延续和发展。植物各器官遵守着一种十分和谐的规则和秩序，在获取能量、汲取营养、吸收水分、传输物质、支撑躯干、协调运作、自我复制、传承性状等方面，无不精准地体现着一套“素位而行”的运行机制，用《中庸》中的一句“君子素其位而行，不愿乎其外”，来比拟植物各部分各司其职的生命智慧是最为恰当的。

植物的根既有父母般的慈爱，又具有家国情怀般的情愫。“根本”一词是人们深悟植物生存之道之后，提炼出的非常人文化的比拟。植物皆是未发芽先生根，“生根发芽”一语表示，根先于芽生，一旦获得展现生命的机会，就生生不息地传承着植物生命的轮回。根系是聪慧的，多数植物的根是向下生长，如人们常见的杨柳、松柏等。但也有例外，如根系的旁边或上方有足够的水分和肥料，那么根系就暂时不向下生长，开始横向生长，或向上生长，这在地膜生产和侧向施肥中是很常见的。当根的生长遇到阻挡时，它会像水一样绕过障碍物继续前行。土壤、水体都能为植物的根提供生长的空间，岩石何其坚硬，但神奇的根也能轻松自然地纵横其间。据报道，南非一棵野生无花果树，其根竟然有 122 米深；另根据实测一株冬黑麦，在 52 立方米的土壤中，长出的根系连接起来总长度竟达到 623 千米长。根系始终默默无闻地奉献着，当植株地上部分受到破坏时，新芽总能从根部再次萌发，“后其身而身先，外其身而身存”（老子《道德经》）。根是植物生存之本，在这一点上，根颇具水的品性。

茎是植物最为变化多端的器官。其或蔓或枝，或盘或圆，或挺或平，地上地下，让人眼花缭乱、目不暇接。但万变不离其宗，茎上有叶、花、果，下连根系。茎的主要功能就是支撑、输送和繁殖。植物的茎看起来可能不如花朵美观，闻起来也许没有芳香，显得很是“木讷”，但茎的工作却从不停止。一方面在地上部与地下部之间输送各种物质；另一方面默默承受叶、花、果实的压力。植物在与环境的竞争中，茎首当其冲。为了寻找阳光，有的枝干变得高大坚强，有的形成枝蔓攀缘而上。沙漠里的植物，为了能保存水分，茎改变了自己的形态；为了补充光合作用的不足，茎中进化出叶绿素；为了度过严冬，茎又浓缩成盘状藏在土中或匍匐地表。

春三月天地俱生，树木与小草争相发出嫩芽，叶片随即长出。叶片的生长是因为有胚芽或顶端生长点的存在。顶端生长点在适当的外部条件下，开始逐渐长大。炎炎夏日，叶片里的叶绿体，在光线特别强的时候便正对光照方向而纵向排列，以保护后面更多的叶绿体不被阳光灼伤；当光线弱时，叶绿体又在平面并行排列，达到最大的感光表面积，捕获更多的阳光进行光合作用。到了秋末冬初，叶片枯萎凋零，光合作用不再，叶片也要提前把自身的营养回流到根、茎、果或种子。等把所有使命完成后，叶片才从容不迫地归根化泥。

花是植物最美的器官，如果说植物的枝干和果实（种子）给予了人们美好的物质生活，那么花朵丰富了人们的精神世界。花代表了人世间的美好、善良、情感和希望。当然，花朵不仅美，也颇具智慧。植物开花的早晚是有讲究的，目的就是保证种子在冬季到来之前能够成熟。植株不长到一定的程度，没有足够的叶面积来制造营养，没有足够粗度的茎来支撑，就不会开花。植物形成花芽是多种因素共生共存的结果。植物生长初期只有叶芽，而没有花芽，当叶芽生长到一定时期时，营养、光照、温度、激素等因素共同达到一定状态，叶芽随即形成花芽，这个过程就是花芽分化。

果实是种子的产房与温床，是种子的孕育者。自然界的种子多是能产生变异的，但不论种子产生了什么样的变异，果实都在一如既往地用心呵护。哪怕是对一粒残缺的种子，它都不放弃。被子植物的“被”就是指果实。即使是裸子植物，其种子也常被类似果实的鳞片等组织所包裹。这样，植物种子从高大的树梢上摔落到地面，即便是果实被摔得四分五裂、粉身碎骨，但种子往往安全无恙。果实的生长原则是适当够用、恰到好处。每当种子成熟时，果实也成熟，不再吸收叶片提供的营养。自然生长的植物的果实往往都比较瘦小，这样更有利于植物结出更多的果实，这种数量上的优势是种族强大的基础。成熟的果实会发生令人意想不到的改变，以其色彩、芳香吸引采摘者，帮助种族传播，甚至会飞向远方，去发现并开创一个新的空间。

植物种子在适宜的环境条件下会吸水膨胀，进行一系列的生理生化反应，这个阶段称为种子的萌动（觉醒）。植物种子的觉醒过程是不可逆的，发展的状态只有两个：要么生长完成新的生命轮回，要么死亡消失在生命的长河中。种子一旦觉醒，往往会义无反顾、勇往直前、永不停息。植物种子在外界条件不适合时，便会“抱元守一”，以待天时地利而生发。我国及世界各地相继发现了深埋于地下泥炭层千年以上的莲子还能发芽生长，它们坚守生命的能力令人称奇。许多植物的种子都有休眠的特性，种子刚成熟时，即使遇到适合的条件它也不会发芽。春华秋实，秋天是收获的季节，也是种子成熟的季节。但秋季过后马上就是寒冬，聪明的种子给自己定下了“睡觉”的规则。等春天来了，种子也“睡醒”了，条件适合了，便会发芽生长。

植物的根、茎、叶、花、果、种之间的完美合作，是大自然的杰作，形成了植物在进化过程中各个器官组成的生命共同体。植物群落之间、植物与环境之间的包容并存也是大自然的杰作，形成了植物发展演变赖以存在的生态系统。植物生命、人类生命与大自然的协同，又构成了更广阔的大自然命运共同体。这样的命运共同体既要顺自然天地之势，也要顺生命体本身之势，顺势而为是所有生命生发和延续的自然法则。

（二）与时偕行

“与时偕行”在《周易》中多次出现，如“损益盈虚，与时偕行”“终日乾乾，与时偕行”“凡益之道，与时偕行”，等等。它的意思是指事物发展变化是有时序性的，应当顺时机而做出正确的反应（行动）。古人对时间和空间的认识很是深刻，充满了推崇和敬畏。

与时偕行也是植物发展变化的时序规律。在植物进化的链条上，可以看到植物与自然的偕行，从产生到繁荣都与大自然的地质地理、气候气象等的变迁时机相吻合。比如，早期植物的光合作用产生的氧气释放到大气层，进而形成臭氧层，隔离了太阳光的强紫外线照射，使陆地生物得以生存；当剧烈的造山运动将陆地抬起，很多浅海区就变成了陆地，原本生活在海里的藻类大部分无法适应陆地环境而灭绝，裸蕨类植物却在潮湿的地方幸存了下来，并一直繁荣了上亿年。植物在与四时偕行中，体现了春种、夏长、秋收、冬藏的规律，这成为大多数植物生存的时序规则。中华民族的祖先创制的二十四节气，也能说明以植物生长为核心的农耕文明与时偕行的特征。在人与植物之间建立的命运共同体中，植物与人类都是与时偕行的，人与植物的和谐共存，是自然界中与时偕行的典范。

二、延续是环境选择的结果

（一）叶绿体的横空出世

早在30多亿年前，地球水体中进化出了一大批新的大分子生命物质，其中有一类被称为原核蓝藻类。它们在演化过程中首先具备了利用太阳光合成新物质的能力，即利用特有的叶绿体，通过太阳光将二氧化碳和水合成糖等营养物质，这就是史无前例的光合作用。光合作用的产物不仅解决了绿色植物自身营养的供给，同时，也维系着非绿色植物、动物和人类的生命。原核蓝藻类进行光合作用时会产生两种“副产品”：一种是氧气，从此地球上慢慢才有了生机；另一种是碳水化合物，在体内累积。对于自身不能合成碳水化合物，而不得不靠“捕食”外界营养物质的其他生命体来说，这无疑是令其垂涎的“美味佳肴”，是“捕食者”生长繁衍的必需品。

早期的“捕食者”没有像样的嘴，也没有牙齿，它们总是把装有碳水化合物的蓝藻用“胞吞”的方式一口吞下去，然后再通过体内一种叫类蛋白质的物质把碳水化合物分解掉、消化掉、吸收掉，以获取物质和能量。但是，有些被吞噬的蓝藻不但没有被消化掉，而且还在“捕食者”的体内“安家落户”。这些安置在“新家”里的蓝藻，仍然勤勤恳恳地进行着光合作用，不辞辛苦地生产碳水化合物和氧气。生产的碳水化合物很方便地成为“捕食者”的营养品，氧气被释放到大气中。当然，“捕食者”也给蓝藻类提供了一个优越的生活环境和丰富的原料供应基地，两者互惠互利、相得益彰，形成共生关系。

最原始生物之间的共生关系是非常简单的合作，随着进化进程的不断演进，蓝藻干脆把自身产生的新个体传递到“捕食者”的后代中去。如此一来，

“捕食者”在繁殖后代时就自然而然地把蓝藻的子子孙孙也传给了自己的下一代，形成了一种牢不可破的新型的生命共同体。“捕食者”体内这个能捕获光能的“器官”，就逐渐演变进化成我们今天认识到的“叶绿体”的原始形态。

最早具有叶绿体的原始藻类生物，仍能从古老的化石中找寻到。我们今天见到的藻类植物，就是那个时期产生并延续至今的原始藻类植物。所以说，藻类植物是植物生命进化的起点。之后经过漫长的进化，才成就了今天遍布地球各个角落的植物。从 35 亿年前至 3.8 亿年前，是藻类植物繁盛时代；从 3.8 亿年前至 2.5 亿年前，是苔藓类植物和蕨类植物繁盛时代；从 2.5 亿年前至 6 500 万年前，是裸子植物繁盛时代；从 6 500 万年前开始到现在，称为被子植物时代。被子植物是现在地球上种类最多、分布最广泛、适应性最强的优势植物类群。

（二）共存共荣

当原始地球开始有水（海洋）时，便有了藻类植物；当地球上出现高山、平原、湿地，植物的进化演变也开始了，先后形成了不同种类的植物群落，这些植被又各自形成了独特的生态系统。其中，最为典型的要数热带雨林。

热带雨林是地球上一种常见于赤道附近热带地区的森林生态系统，系统中的动植物种类繁多，拥有全球 40% ~ 75% 的物种，生物群落结构组成非常复杂，而且大部分种群的密度处于长期稳定状态。热带雨林主要分布于东南亚、澳大利亚北部、南美洲亚马孙河流域、非洲刚果河流域、中美洲和众多太平洋岛屿。热带雨林是地球上抵抗力、稳定性最高的生物群落，常年气候炎热，雨量充沛，季节差异极不明显，生物群落演替速度极快，世界上一半以上的动植物物种栖息在热带雨林中。在这样的场景中，植物生长近乎爆炸性，一棵树一年很容易就长高 6 米多，不同树种的丰富程度令人匪夷所思，在不足 3 平方公里的面积中，竟有超过 1 000 多种的树木。有超过 25% 的现代药物是从热带雨林植物中提炼，故热带雨林也被称为“世界上最大的药房”。同时，由于众多雨林植物的光合作用净化地球空气的能力尤为强大，仅南美的亚马孙热带雨林产生的氧气就占全球氧气总量的三分之一，故有“地球之肺”的美誉。热带雨林在调节气候、防止水土流失、净化空气、保证地球生物圈的物质循环方面，发挥着不可替代的作用。

人们非常羡慕热带雨林的神奇功能，所以世界各地的人们都不约而同地有广种植被、建造森林的历史。确实，一片绿色的树林能陡然使单调的环境变得生动起来；一片绿色的草地能使人们的视觉舒展开放；一棵挺拔的树、一片别致的草，俨然提升了人们的生活层次。因而，人们热爱植物、利用植物、敬畏植物，把植物当成生活中不可缺少的一部分。

人工林是人们为了获得植物提供给人们巨大的利益而自觉种植的森林。有的人工林在建造过程中，由于没有顺应植物的生长规律，结果造成失败。20世纪五六十年代，为了改善水土流失和沙化日益严重的情况，我国在“三北”地区开始了人工造林的壮举。但是在开始时，由于人造林树种单一，结构简单，树木害虫的天敌较少，导致虫害频繁发生，危害十分严重。后来，人们才逐渐认识到，不遵循自然规律，不遵循植物生长规律，只靠热情和蛮干，迟早会受到自然界的惩罚。于是，人们就在同一地段同时种上两种以上的植物，即建造人造混交林。

人造混交林中既有种间关系，又有种内关系。树种之间存在对同一资源的争夺过程，在利用环境资源时又互为补充。选择生物学特性相互协调的树种进行混合培育，可以有效利用林地空间，如喜光树种与耐阴树种组合，就可以巧妙地利用光能；深根树种与浅根树种搭配，可以有效利用不同土壤层中的养分。

（三）优胜劣汰

优胜劣汰与适者生存在本质上是一致的，都在表明生物之间竞争的结果，即优者胜、适者存，劣者弱、不适应者会被自然淘汰。胜存者首先意味着自身有顺应环境的基因，以自身的抗争换来生命的延续；胜存者还意味着对环境有着强大的顺应能力，以自身的改变来化解环境的威胁。优胜劣汰又是一个巧妙的生态系统演化的过程，在这一过程当中，不完全是你死我活的斗争。植物与自然之间也存在着动态平衡关系，相互影响、相互制约，构成统一整体。

1. 代代相传

遗传是植物亲本在繁殖过程中，将自己的基因复制一份传递给生殖细胞，不同亲本的两个生殖细胞融合，形成子代细胞，一个新的细胞包含了亲代性状特征的全部信息。新细胞从一个细胞开始分裂、生长、发育，最后长成一个新的植物体。新的植物体长成以后，又会产生生殖细胞，产生新的生命。如此循环往复、生生不息、永不停滞。世界上的植物无论大小、高低，无论生长在哪里，都是从一个肉眼看不到的新细胞开始，这个细胞一定包含着肉眼看不见的遗传物质。

“合抱之木，生于毫末”，这是对遗传物质力量的赞美与歌颂。人们从植物的遗传及生长过程中，悟出了深刻的人生道理。万事万物皆始于毫末，而毫末来自于“无”。这里的“无”就是“有”，即看不见的存在。限于当时的科学技术条件，人们虽然用肉眼无法看到遗传物质“基因”，但却坚定地认为，这种“无”是真实存在的。

新生事物是不可战胜的。新生事物刚刚诞生时，往往是微小的，不被人们重视。但是，新生事物代表着事物发展前进的方向，只要给予时间和空间，新生事物一定会以浩然之势出现在人们面前。我国古代的先哲们十分重视这种起于微小的新生力量，告诫人们“千里之行，始于足下；九层之台，起于垒土”；对待生活中的事端要“防微杜渐”；为人做学要“勿以恶小而为之，勿以善小而不为”；励志创业要“天下难事，必作于易；天下大事，必作于细”；等等。

基因的排列顺序总是能够很稳定地遗传给下一代。但是，也有极少量的基因在传给下一代的时候发生了错误，把错误的排列顺序传给了下一代，并且下一代的性状表现与上一代不同，这种排列顺序的改变称为基因突变。基因突变的概率非常小，高等植物的生殖细胞发生基因突变率的为10万至1亿个细胞中才能有一个，不同的细胞类型发生的概率不同，越是关键部位的细胞发生的概率越低。基因突变是新基因产生的途径，是生物变异的根本来源，是生物由低级向高级进化的内在原动力。

绝大多数的基因突变都是不利于生物生存的致死突变，致死突变的生物都被淘汰消亡了。只有极少数个体的突变是朝着有利的方向发展和进化，超越了上一代因而更加适应变化了的环境。基因突变有两张面孔，当突变适应环境的要求，那么突变的个体就能兴旺发达，基因突变就露出微笑；否则，基因突变便露出一副狰狞的死亡面孔。

2．择机而生

自然界中的植物个体在数量上几乎是无穷尽的，有些个体之间很相似，而有些个体之间则性状迥异。一个植物个体的性状能够代代相传、保持不变，是该植物延续的基础，这里面起决定作用的当然是遗传物质，即生化控制机制。但是，植物的延续不能脱离其生活的环境，环境的变化常常引起植物性状的改变。一株植物的性状随着环境的改变造成植株有高有低、叶片有大有小、根系有强有弱、分枝有多有少等非遗传性的改变，此乃自然对植物性状的“天择”之道。

大部分植物生长在一定的空间内不能移动，但是却能分布到十分广大的区域，也许只是在性状上发生某些改变而已，所以有“适地适树”的说法，这是植物“静”与“动”的辩证。不管是海洋中的藻类、陆地上的藓类、蕨类和种子植物类，每一类植物都固执地坚持着自己的生命路径，保持着固有的生态模式。在我们今天的地球上，已经知道现存的植物种类多达40余万种，它们的大小、形态、结构和生活方式都各不相同。无论是广阔的平原、冰雪常年覆盖的高山、严寒的两极地带、炎热的赤道区域、江河湖海的水面和深处、干旱的沙漠和荒原，都有植物生活的踪迹。即使一滴水珠、一撮尘埃、岩石的裂缝、悬崖峭壁裸露的石面、树皮的表面、生物体内甚至是人体内外，都可以成为植物生活的场所。在冰冷的积雪下面，在水温极高的温泉中间，也常有特殊的植物种类在生长着；在高空的大气中，有漂浮的植物和细菌孢子，在土壤层的表层和深层，也存在着数量繁多的藻类植物的合子。可以说自然界处处都有植物，植物也是地球的主宰者。

（程清海　王振鹏）

第四章　生克制化

章台柳·阴阳变

（新韵：八寒）

阴阳变。阴阳变。
变幻阴阳相对看。
四季轮回岁月生，
暑寒长短循环现。

章台柳·循环现

（新韵：八寒）

循环现。循环现。
万物生生无间断。
落日余晖醉故人，
月儿圆半谁心叹。

《庄子》讲“方生方死，方死方生”。《大学》认为“物有本末，事有终始，知所先后，则近道矣”。《周易》则说“同声相应，同气相求。水流湿，火就燥，云从龙，风从虎。圣人作而万物睹，本乎天者亲上，本乎地者亲下，则各从其类也”。中国古人在很早以前就观察到世上的所有事物都处在不断的生灭变化之中，旧事物的消亡意味着新事物就一定会出现，并从这个不断生灭变化的过程中总结出了生物之间相互生克的规律，这就是阴阳五行理论。

中国传统的宇宙观是“天一生水，地二生火，天三生木，地四生金。地六成水，天七成火，地八成木，天九成金，天五生土”(《尚书大传》)。即世上先有水，然后才有木(植物)。现代科学也证实，地球上最早的生命是藻类植物，而藻类植物来自于原始海洋——水。《尚书》记载：“水曰润下，火曰炎上，木曰曲直，金曰从革，土爰稼穑。润下作咸，炎上作苦，曲直作酸，从革作辛，稼穑作甘。”从中可以看出，五行是指以木、火、土、金和水五种物质为代表的五种性质。古人还对世间万物按五行的性质进行了推演，如木代表东方、春天、青龙、绿色、肝脏、筋、酸味、角音、仁、甲乙(天干)、寅卯(地支)、震卦和巽卦，等等。战国时期的齐国人邹衍所著《邹子》是五行理论成熟的标志性著作，被广泛用于中医、风水、命理、相术、占卜和兵法等各个方面。五行理论不仅对世间万物进行了分类，而且还通过五行相生相克阐释了不同性质事物的运动形式以及相互转化关系。

木火土金水顺序相生，隔位相克，即：

五行相生：木生火，火生土，土生金，金生水，水生木。

五行相克：金克木，木克土，土克水，水克火，火克金。

相生就是指前者会产生后者，并对后者有促进和补益作用。如木可以生出火来，火烧成灰烬后又化为土，土里的矿石可以冶炼金属，古人多从河床的沙里淘金，就认为河流有水是因为底下有贵重的黄金。相克是指前者对后者的生发有抑制作用，久而久之会使后者消亡。金属可以砍伐木头，木头可以吸收土壤里的营养（使土壤变贫瘠），土可以屯水、可以渗水，水可以灭火，火可以把金属熔化。因此，五行的相生相克既反映事物之间的内在联系，也关乎事物之间的相互作用和矛盾。事物之间通过不断生克制化转换，维持运动变化的协调平衡。

五行要素间的生克制化不仅是两两之间的生克，还是交互式的发生四种关系：生我、我生、克我和我克。

当然，五行间的生克制化不是突然间完成的，而是由其内部阴阳属性逐渐消长与转化来完成的。也就是说，五行生克制化的内生动力是由事物内部和外部阴阳矛盾的相互作用来驱动的。"一阴一阳之谓道。"（《周易》）所有的事物都由阴阳构成，阴阳可以相互转化、相互促进，也可以相互制约。如"有无相生，难易相成，长短相形，高下相盈，音声相和，前后相随，恒也。"（老子《道德经》）"孤阴不生，独阳不长。"（卜应天《雪心赋》）新事物的产生必然是阴阳合和的结果，既可能是事物与环境的合和，也可能是同类事物不同阴阳个体的合和，还可能是事物内部阴阳属性的和合。

五行中的木、水、土、火，在字面意义上就直接与植物相关。从地球最早的生命蓝藻到现在40多万种植物，其生长、繁衍、竞争、进化的过程是相当复杂和惊心动魄的。但万变不离其宗，植物既分阴阳，也属五行，植物的各种变化都遵循生克制化规律。阴阳五行的生克制化既表现在植物与植物之间，也体现在植物与环境之间，甚至植物体本身的各器官之间。

一、植道阴阳

植物的生长繁衍进化过程首先表现在阴阳的生克制化上，其主要表现形式为植物之间的阴阳互生和同性相克，植物与环境之间的同性相吸和异性相斥等方面。

（一）植物阴阳的划分

植物种类极其丰富，特征、特性相差很大。就其个体来讲有地下部分就必然有地上部分，有雌蕊就必然有雄蕊（有些植物雄蕊在发育中败育）；就植物与环境来讲有喜光的就必然有耐荫的，有喜湿的就必然有耐旱的。

依据植物的外形和对环境的需要可以划为阴、阳两类，如木本为阳，草本为阴；高大乔木为阳，小灌木为阴；种子为阳，秧苗为阴；喜光为阳，耐荫为阴；耐旱为阳，喜湿为阴；喜热为阳，喜凉为阴；红叶为阳，绿叶为阴；单子叶为阳，双子叶为阴；叶片的正面为阳，背面为阴；温度为阳，湿度为阴；春夏为阳，秋冬为阴；地上为阳，地下为阴；等等。在栽培上和园林中常以喜光为阳，喜荫为阴；高大为阳，低矮为阴；等等，来进行分类识别运用。

植物阴阳的划分不是绝对的，随着环境的变化和植物的生长变化也会发生改变。如黄瓜喜湿不耐涝，喜光也耐荫；榕树既可以盆栽成小盆景进行室内培养，也可以生长在强光条件下独木成林；仙人掌等多肉类植物既可生长在寒冷干旱的沙漠，也可以生长在热带雨林；等等。

（二）阴阳互生

种子像婴儿一样是纯阳之体，株体像母亲一样属阴。种子可以成长为株体，而株体又结下种子。种子、成株，成株、种子，……阴阳互根、循环往复、生生不息，构成了丰富的植物世界。

谷雨前后，种瓜点豆。每到谷雨时节，气温、地温都已回升，此时，如下一场透雨，温湿度相宜，阴阳合和，则各种瓜果蔬菜都开始萌发生长。如果谷雨时节没有下雨，则种子不能萌发；反之，温度达不到要求，即使下雨种子还是不能生长。这就是传统观点“孤阳不生，独阴不长，阴阳合和则生，阴阳分离则亡”（《黄帝内经》）。

同样，地上部与根系也是阴阳合和则生。一方面根系吸收矿物质与水分供给地上部的茎、叶、花、果和种子；另一方面，叶片把光合作用的产物也源源不断地输送到根系，为根系的生长打下物质基础。在无性繁殖中，通过扦插枝条可以生出根来，形成一个完整的植株。同样，进行根插也能长出不定芽来，形成一个完整的植株。这就是阴中求阳和阳中有阴，阴阳可以随环境条件改变而相互转化。

种子为阳，果实为阴。种子的形成会产生激素，激素给植株发送信息有下一代了，要保证营养供应。此时的果实当然会近水楼台先得到足够的营养，反过来，果实在种子外面抵抗风霜雨雪和病虫害的侵袭，对种子又起到了很好的保护作用。

植物阴阳互生还表现在高大的阳性植物与低矮的阴性植物之间。在原始森林里，高大的树木是典型的阳性植物，它们的树冠高高在上，充分享受着阳光的照射。而在树下深厚松软的落叶之上，在斑驳的光影之下，在湿润的近地环境中生长着大量典型的阴性植物——蕨类。高大的阳性植物为蕨类创造了舒适的生长条件，同样，蕨类植物把落叶分解吸收，保持了地表的湿度，既利于保持水土，也预防火灾的发生。它们之间的合和而生无疑是大自然的杰作。

（三）同性相克——植物之间

大多数植物都存在着重茬病，也就是说一块地里连续种同一种或同一科的作物就会出现生长不良或大面积死苗的现象。

桃树是我国常见果树之一，桃树根系在生长时分泌一种物质能抑制其他树种生长。这种物质对桃树自己及其他核果类果树都有抑制作用。所以，桃园更新或老桃树死后补栽新桃树成活就相对困难，这是典型的同性相克现象。

无独有偶，茄子和西瓜等作物也不能重茬。原因是它们在生长过程中会感染黄枯萎病，有时在当季不发病，或发病较轻影响不到产量。但第二茬种植时，会发生大面积的黄枯萎病，严重时会造成绝收。

重茬病的另一种原因是同一块土地上重复种同一种作物，导致这种作物对某些元素吸收过多，使该元素在土壤中的含量降低而不能满足该作物的需要，使作物表现出缺素症；反之，因为该作物吸收另一些元素特别少，土壤里就会积累过多的这些元素，时间长了对作物会产生毒害作用。有用的养分被连续吸收而减少，没用的养分被留存而聚集，前者导致营养不足，后者引起植物中毒。解决重茬病的方法，就是采用轮作或休田等方式合理安排种植。

同性相克不仅表现在重茬病，还表现在单一植物的大面积耕种也是矛盾重重。如一片森林、一片草坪，由于是同一品种的个体，它们在空间利用、对水肥的吸收等方面都会产生必然的竞争，竞争的结果就是优胜劣汰，弱小的死掉，把空间腾出来，使优胜者继续扩大生长空间。人们对这种情况的认识也有个过程，在20世纪八九十代草坪业迅速发展时，发现草坪草往往在生长最漂亮时会出现片状死亡，人们对其起了个美丽的名字叫“钱斑病”。但怎么分析也找不到病原或虫原，最后分析是草坪草生长竞争的结果。于是，人们开始尝试在草坪生长季进行3～5次打孔或垂直修剪等作业，草坪才生长良好，不再出现钱斑病。

（四）同性相生——植物与环境之间

同性相生是指植物与环境之间的相同性质可以促进生长。如在阳坡上、山顶上或高海拔地区一定是生长着需强光的阳性物种，如油松、青稞等；而在阴坡或峡谷等见光少的地方多生长不喜光的阴性物种，如兰花、蕨类和苔藓等。热带生长喜温耐热的阳性物种，如椰子、香蕉等；在寒带则生长喜凉不耐热的阴性物种，如落叶松和冷杉等。植物与生长环境一定是阳找阳、阴寻阴，即同性相生。

同性相生对农业生产也有积极的指导意义。20世纪的“大跃进”时代，农民及基层科技人员生产热情空前高涨，遇见一个优良的苹果和桃的品种，就要北过长城、南过长江扩大种植范围，让全国人民都享受劳动成果，结果引种了许多年都没有成功。有的地方是根本不能正常越冬，不能成活；有的是即使成活也生长不良，表现不出该品种的优良特征，最后不得不放弃。这就是异性相斥的教训。

通过对多年实践总结经验教训，现在已经把“适地适树”当作果树生产的一个基本原则。适地适树就是同性相生、异性相斥的具体实践。

二、五行生克

古人认为天地万物皆存在着普遍联系性。木生火，钻木取火成为人类开启文明的第一把火；火生土即火焚木生土，野火烧不尽，春风吹又生；水生木即水润泽生木，地球上最早的植物也是最早的生命就源自海洋。从某种意义上说，古代东方文明正是受到植物生命的启发，才有了阴阳、五行这样朴素的哲学思想。

（一）植物五行的传统划分

传统文化中关于植物中的五行划分是按其主体颜色来确定的，属金的植物多为白色或金色，如白玉兰、广玉兰、茉莉、栀子、银杏等；属木的植物多为绿色，大多数植物叶色是绿色；属水的植物多为黑色、蓝色或灰色，如荷花、睡莲、凤眼莲、竹柏、罗汉松等；属火的植物多为红色或紫色，如红枫、紫叶李、火棘、紫薇、石榴、海棠、紫藤等；属土的植物多为黄色或棕色，如黄金槐、棣棠、连翘、黄刺玫、万寿菊等。

传统的植物五行划分虽然有些牵强，但在中医药学上一直如此使用，有着较大的认同度。

（二）植物五行的现代划分

按五行的五种性质，我们把植物可以进行以下划分：

木曰曲直，象征向上缓慢生长的特性。那么，我们可以把木本植物和大型草本划入属木。如松、柏、杨、柳、榆、槐，等等。

火曰炎上，象征向上生发的特性，常常爬到最高处。那么，我们可以把攀缘性植物划入属火。如爬山虎、凌霄、葫芦科植物，等等。

土曰稼蔷，象征草本无争耐荫收藏的特性。那么，我们可以把草本、蕨类和苔藓等划入属土。

金曰从革，象征有肃杀之气，对植物有伤害。那么，我们可以把寄生性植物划入属金。如菟丝子，老远看去红红一片，但是，菟丝子的寄主会很快死亡。

水曰润下，象征如水灵动的特性。那么，我们可以把藻类和漂浮植物等水生植物划入属水。如浮萍、水葫芦、金鱼藻等。

按此划分，属木的乔木类遇到属火的藤本植物往往凶多吉少。我们在山上经常见到何首乌等把树缠死的情况，也有金银花把大树缠断的现象。但是，在沼泽地里水生植物茂盛的地方就基本没有藤本植物。沼泽地在枯水期便成为大草原，水生植物遁而不见。而陆地上的豆科植物最怕菟丝子，秋天的田野里或山上，只要看到火红一片，肯定是有菟丝子的危害。

（三）植物五行的运用

人们观察到，五行属性不同的植物其生物场产生的“气”感不同。因此，在园林设计中搭配植物时就要考虑植物五行属性，符合五行生克规律。即不要将五行“相克”的植物种在一起，而是要将相生的植物搭配种植。

此外，地理方位也分五行，东和东南方向五行属木，南方五行属火，东北和西南方向五行属土，西方和西北方五行属金，北方五行属水。应避免植物与方位五行“相克”。属木的植物宜种于东及东南方向，属火的植物则宜种于向阳的南面，属水的植物种在北向，属金的白色系植物种在西向。在清代高见南著《相宅经纂》中就有“东种桃柳，西种栀榆，南种梅枣，北种奈杏”的记载。

庭院是传统宅院的“天心”，是纯阳至刚的，不可长期被阴压制。树荫属阴，荫者阴也，庭荫树立于庭院中心，呈阴压阳地，多有避忌。所以，民间有“屋在大树下，灾病常到家”之说。这不是封建迷信，按照现在科学解释，居住常年处于荫压之地不利于采光，有害微生物滋生，又容易引发雷火，因此庭院中心一般不栽高大树木。

人的五脏也分属五行，因此，有些专家开始探索在主题公园中，通过人与植物的五行对应关系来调养身心。如休闲为主的区域主要选择五行中属木的绿色植物，能有效地降低血压、减慢呼吸，以及减轻心脏负担，有助于缓和心理紧张。而在运动区、广场周围和入口处，绿化主要选择五行属火的红色植物，如石榴、紫叶李、红枫、火棘等，让人感到兴奋，可以振作精神。在比较私密的空间，选择五行属水的深色植物，如睡莲，给人一个静谧的环境。五行属土的植物可以调节肠胃、增加食欲，则在餐饮区绿化种植金银花、连翘、棣棠、黄刺玫和菊花等。

三、植物间的相生

在自然界中经常可以发现，有些植物种植在一起时，彼此间相互促进，共同生长。同样，人们在长期实践中，也发现有的作物种植在一起，能和睦相处、相互增益，提高产量和效益。目前，间作、套种是高效农业的主要生产方式之一。

（一）枣与小麦

枣粮间作是河北沧州、衡水，山东东营、德州等地区常见的生产模式。这些地区既是粮食主产区，又是优质红枣生产区，当地群众经过历史经验的沉淀，探索总结出一套科学合理的枣粮间作模式和栽培技术。

枣粮间作是根据枣树与间作物不同的生物学特性和共生原理，利用两种物种生长过程中的时间差、空间差，合理配置，组成前后交错、上下分层的复合型群体结构，充分利用土、肥、水、光等资源，达到增产、增效、提高收益的目的。

枣树树冠高、根系深，小麦株体低矮、根系浅，它们在空间上不存在竞争与矛盾。树下有小麦生长，杂草便消失了，反而有利于枣树的生长和病虫害的防治。在3月初给小麦浇返青水时，枣树的根系也正处于苏醒活动期，正好共饮一场水，同扎地下根。在5月中下旬干热风时期，枣树的蒸腾作用和遮阴会降低干热风对小麦的危害。到6月上旬枣树进入开花坐果期，需水肥也正处于高峰期，小麦则处于收割期，不会影响大枣的产量。

枣麦间作，相互增益、和谐共生，是大田中的一对好伴侣。

（二）玉米和大豆

在秋季作物中，玉米和大豆算是一对密友，我们常见到农民把玉米与大豆间作在一起。

这种相互促进的搭配，在理论上和实践中都得到了验证。玉米个高占据上层空间，大豆株矮占据下层空间。玉米属于碳四植物，而碳四植物的光合效率比较高，当然对氮肥的需求量就大。而大豆根系与根瘤菌天然共生，通过根瘤菌可以直接固定空气中游离态的氮，自行生产氮肥。它除了自己利用少部分外，大部分无私地供给了玉米。玉米吸收氮肥从某种程度上避免了大豆因氮肥过多而出现徒长现象（大豆茎叶徒长会显著降低大豆的产量和品质）。同时，玉米旺盛的生命活动使它的根系能分泌较多的碳水化合物，为大豆所需要的根瘤菌提供营养。玉米和大豆这一对伙伴各有所长、互补其短、相辅相成。

（三）棉花与马铃薯

邯郸东部平原被称为冀南棉海，每年都有大面积的棉田种植，有丰富的生产经验和植棉传统。但棉花都是5月初种植，大面积的棉田在春天都闲置，造成很大的浪费。为此，邯郸市农业学校成立专门团队对此深入研究，提出棉薯高效套种间作生产模式：早春种植覆膜脱毒马铃薯早熟品种，在5月中旬套种抗虫棉，6月初收获马铃薯的同时给棉花培土追肥。棉花与马铃薯没有致命的共染病虫害，马铃薯块茎在地温高于23℃时就不再贮藏养分，块茎也就不再膨大，而棉花在马铃薯生长后期可以起到一定遮阴和降温作用，对提高产量有帮助。马铃薯的栽培和收获时疏松土层较深，为棉花生长创造了有利条件；马铃薯收获后，秧子铺到棉花行间可抑制杂草的发生。通过多年探索，良种配良方，棉薯间作取得成功，并推广到邢台、石家庄、安阳、聊城等地区，为当地棉农创造了数以千万的经济效益与社会效益。

四、植物间的相克

植物相克的类型有很多，比如寄生植物对寄主就是一种相克，轻者影响寄主的长势，重者会致使寄主死亡，如前所述菟丝子寄生大豆会导致大豆死亡。还有生长缠绕在一起的植物在加粗生长过程中，必然会有一方损伤，如紫藤与槐树的缠绕生长，往往不是藤断就是树折。最后还有一类是共患病害：如果只有一种植物时，病原菌完不成生命过程，就不会发生该病；当两种植物在一定范围存在时，病菌就可以大量繁殖，形成病害流行。如苹果锈病的冬孢子与夏孢子分别寄生于桧柏与苹果树上，苹果与桧柏靠近种植就会强化病害。这些都是植物的相克，所有相克的植物只要保持一定距离，损害就会降低或消失。

（一）黄顶菊

在植物世界里，不只是相互增益，也有一些植物是在哪儿都不安分，对所有植物都搞破坏。例如，黄顶菊就属于一个强大的入侵物种，其破坏作用已引起政府与农民的高度重视。黄顶菊原产于南美洲巴西、阿根廷等国，作为有害杂草扩散迅速为害严重，被世界多国列为检疫植物，同时也被我国列入“中

黄顶菊：菊科、黄顶菊属。黄顶菊是原产于南美洲的一年生草本植物，我国于 2001 年在天津首次发现。黄顶菊根系发达，适应性强，根系的分泌物能抑制其他植物的生长，最终导致其他植物的死亡，严重威胁农牧业生产及生态环境安全。

国外来入侵物种名单”。

我国于2001年首次在天津发现，2006年在河北、河南、山东等地近百个县有黄顶菊入侵，其中，对河北为害最重。2006年和2007年，河北省农业厅多次开展针对黄顶菊的全省范围的专项杀灭活动，从一定程度上扼制了黄顶菊的蔓延，但由于田间地头、荒地和路边等处无人顾及，随后黄顶菊又有扩散。

据河北沧州地区观测数据显示，黄顶菊喜光好湿，一般于4月上旬萌芽出土，4～8月为营养生长期，9月中下旬开花，10月底种子成熟。黄顶菊生长迅速，结实量极大，具备入侵植物的基本特征。黄顶菊种子极多，繁殖能力超强，一株黄顶菊大概能开1 200多朵花，每朵花能结出上百粒种子。因此，如果一株黄顶菊完成一次开花、结籽，就能产十几万粒种子。

河北省曲周县是冬春季设施蔬菜基地。群众在茴香苗的种植中发现，在茴香苗的苗期，只要出现一株黄顶菊，黄顶菊周围5厘米内的茴香苗就会全部死亡。技术人员研究多年也没有找到有效解决办法，只是通过秋季人工拔除降低黄顶菊的存在基数。后来，研究人员发现原来是黄顶菊根系能产生一种化感物质，这种物质会抑制其他生物生长，并最终导致其他植物死亡。所以，在生长过黄顶菊的土壤里种上小麦、大豆，其发芽能力会变得很低，对农作物生长构成严重威胁。

但也不用草木皆兵，黄顶菊比较容易辨认，所以，黄顶菊入侵河北多年来，生产上已探索出有效的防治方法。可以用药剂防治，也可以用人工防治。目前，黄顶菊得到了有效控制，基本上只在沟坡、林边、路旁和渠边等撂荒地才可发现。

（二）菟丝子

菟丝子别名禅真、豆寄生、豆阎王、黄丝、黄丝藤、鸡血藤、金丝藤等，是一年生攀缘性的草本寄生性种子植物，茎缠绕，黄色（后期为红色），纤细，无叶。菟丝子为害寄主严重时，从远处一看火红一片，近看都是丝状物，没有叶片。

菟丝子广泛分布于我国及中、南亚地区，在我国太行山上常见，多寄生于海拔 200 ～ 3 000 米的豆科、茄科、蔷薇科和菊科等植物上。

菟丝子是个非常奇妙的植物，种子萌发后即长出攀缘茎。攀缘茎长出即向四周寻找可寄生植物，一旦碰到寄主植物，即进行缠绕。随后以吸器与寄主的维管束系统相联结，不仅吸收寄主的养分和水分，还造成寄主输导组织的机械性障碍。其缠绕寄主上的丝状体能不断伸长、蔓延。当菟丝子在寄主上入侵成功后，其根自行退化。

由于菟丝子独特的繁殖和入侵方式，决定了它对生产田的影响很微小，基本上是在野生植物上发展。

（三）藤缠树

在自然界里像金银花、紫藤和何首乌等缠绕类藤本植物，往往需要依附于高大的乔木才能向上生长，进行有效的光合作用而得以生存。当藤缠上树时，它们就成为一对互害植物。无论是乔木还是藤本植物，主干的延伸都是通过顶端分生组织进行，下部只能进行加粗生长。所以，藤缠树若干年后，要么是乔木生长强壮把藤给撑断，要么就是藤本生长过强把树给缠死。如果有一些例外，就是缠附的部位或方式不同，如吸附式的攀附不会把乔木扼制住，只是造成树势衰弱，或是缠绕攀附只缠住树体的一个主枝，但对整株树影响不大。

（四）苹果锈病

苹果与桧柏有一种共患病害——苹果锈病。苹果锈病又名赤星病、苹桧锈病，此病主要为害叶片，也能为害嫩枝、幼果和果柄，还可将为害转到中间寄主桧柏。叶片初患病时，正面出现油亮的橘红色小斑点并逐渐扩大，形成圆形橙黄色的病斑，边缘红色。发病严重时，一片叶片出现几十个病斑。后期病部凹陷、龟裂、易折断。幼果染病后，靠近萼洼附近的果面上出现近圆形病斑，初为橙黄色，后变黄褐色，直径 10 ～ 20 毫米。病果生长停滞，病部坚硬，多呈畸形，丧失商品价值。

苹果锈病菌在桧柏上为害小枝，即以菌丝体在菌瘿中越冬。第二年春天形成褐色的冬孢子角。冬孢子角里的冬孢子遇合适温度和空气湿度会萌发生长并产生大量担孢子，随风传播到苹果树上。锈菌侵染苹果树叶片、叶柄、果实及当年新梢等，形成性孢子器和性孢子、锈孢子器和锈孢子。锈孢子成熟后，随风传播到桧柏上，侵害桧柏枝条，而且会以菌丝体在桧柏发病部位越冬。

由上述可以知道，苹果锈病的发生需要苹果树和桧柏两种寄主。如果只有桧柏或只有苹果树就不会发生。所以，苹果锈病的病菌在冬天找不到桧柏便不能完成生命历程，便不能成活。

五、植物生态建设的生克制化

人们通过对植物间生克制化现象的细致观察，发现植物间的生克非常普遍。针对植物相生相克的现象，一些学者从木麻黄中提取了 5 种抑制其他幼苗生长的黄酮类化合物：山奈黄素 -3-a- 鼠李糖苷、槲皮黄素 -3-a- 阿拉伯糖苷等；从豚草茎叶水浸液中提取出了抑制大豆、玉米等农作物生长的a-薇烯、蒎烯、樟脑、法尼烯、壬二酸等生物物质。这些成分能影响某些植物的生长。由此，植物之间的生克制化走向了科学。

相生相克研究既在基础生物学、生态学理论上探讨植物间相互作用的机理，同时又具有重大实践和应用价值。科学家已经开发出一系列高效低毒、类似天然产物的除草剂、克藻剂等制剂，并将其用于生产生活造福人类。

（一）水体污染治理和生态恢复

随着工业废水和生活污水不断排入水体，造成了大量的水体富营养化，藻类过度繁衍，从而导致水体溶氧量降低，厌氧菌的腐败活动旺盛，使水体发臭，水生态结构遭到破坏。对此，可以在水体中采取种植水培蔬菜、沉水植物和养殖相结合等方法，利用植物吸收氮、磷等营养物质，同时利用植物分泌的一些特殊物质、伴生的微生物与藻类间的相生相克关系，来去除藻类，达到净化水质、恢复水生态的目的。例如，无锡太湖和云南洱海因为湖水富营养化，致使藻类过多繁殖，进一步影响到了水体的溶氧量，当地有关部门采取在水面种植油菜等作物，有效地降低了水的氮素含量，从而降低了藻类的浓度，最终解决了治理水体富营养化的问题。

（二）杂草的生物控制和防治

随着生物技术的发展，人们已经能够通过对植物生克关键成分的分析鉴定，利用人工合成的方法获得一些除莠剂、除草剂。如美国加州大学洛杉矶分校的科研团队，从土壤霉菌中找到可以生成多聚赖氨酸的基因簇，它能阻碍植物生长所必需的生物合成过程，将其以喷雾方法用于除草效果良好。而且，杂草的自身抗性基因也不受影响。这一发现不但有助于解决杂草对除草剂抗性日益加重的困境，同时也证明了抗性基因导向的方法可用于发现更有效、具有生物活性的天然产品。人们还可以将具有克制功能的植物制成肥堆洒到田间，使杂草难以正常生长，从而控制和防治杂草。可以设想，既然黄顶菊有极强抑制其他植物生长的分泌物，如果在小麦、玉米和水稻主产区，对主栽品种进行转基因，让小麦像黄顶菊一样对杂草有抑制能力，那么，将大幅度减少投入并增加产量。

（三）植物的进化

植物的生态入侵已经给许多地区造成巨大的损失。损它植物为维持其自身优势，不断向体外释放抑制其他植物的成分，所以入侵植物都是损它植物。然而，受损植物为了生存，必然采取一定的生存对策。根据达尔文的自然选择规律，会出现这样几种结果：一种是受损植物由于不适应环境而全部死亡；另一种是受损植物部分优势种存活，使其性状进一步优化；再一种是损它植物和受损植物协同进化。另外，相生相克还会促使植物的进一步演替。

植物间的生克制化是客观存在的生命现象，我们只有把握生克制化背后的科学原理，才能有效利用这些自然力量，在农业、林业、园艺等领域，实现作物增产、森林恢复、植被保护、病虫害防治和割除杂草等目的，使植物之间的相互作用成为植物与植物、植物与人类的协同发展。所以，从本质上讲，生克制化是矛盾双方（或多方）的相互转化、相互促进和相互抑制的关系，这样的关系不只在植物的生命中存在，在人类的生命和生活中也必然存在。人与动物、植物及自然之间的多边关系就是典型的生克制化关系，处理得当，则各方安好、相得益彰；处理不好，则会导致环境恶化、生态破坏，最终会影响人类生命的质量。

（何树海）

中篇

立人之道：仁与义

孔子成仁，孟子取义。『仁义』是儒家思想的核心理念。仁者爱人，培养一颗仁心是儒家个人修养的最终目标，是中道。《释名》『义，宜也，裁制事物，使各宜也。』使各其宜就是和。其实植物的生命活动中也体现着『尚中贵和』『和而不同』『生生不息』『尽物之性』等儒家的基本理念。

第五章　尚中贵和

长相思・道存天尽头

（新韵：七尤）

水性柔。
水性柔。
柔水穿石壮志酬。
穿石万古流。

锯无休。
锯无休。
木断方知绳力优。
道存天尽头。

“中”是一种状态，本义是指处于方位的中间或物体的中心，深层寓意是指中正而不偏不倚、中庸而不极端。“中”字最早出现在《尚书·大禹谟》中：“人心惟危，道心惟微；惟精惟一，允执厥中”，意思是人心难测，世界千变万化，只有执守中道，以不变应万变才可以把事情做到最好。中华传统文化对“中”的运用莫过于《周易》，这部讲变化的传统典籍用“中”表达意思的有97处，对“中”的描述有39种，如“中正”“正中”“得中”“刚中”“柔中”“时中”“中行”“中道”“行中”“未出中”“位中”“中有庆”“中不自乱”，等等。《周易》以阴柔相济、不偏不倚为“大吉”“元吉”和“贞吉”，尚中思想通篇可见。

《论语》里，孔子倡导中道，认为“超过和达不到的效果都不理想（过犹不及）”。这种无过无不及的状态就是“中”。《中庸》对“中”做了具体的描述：“喜怒哀乐之未发，谓之中；发而皆中节，谓之和。中也者，天下之大本也；和也者，天下之达道也。致中和，天地位焉，万物育焉。”可见中是天下万物的原始根本状态。

中是事物的本性，就好比音质是乐器的本性。但仅仅有中是不够的，它必须发出声音才有意义，而发出的音节必须有高低之分，必须符合乐谱的要求，必须与其他乐器相搭配才能给人以美感。这就引出另一个重要概念“和”。

“和”也是一种状态，“和”的本义是相安、协调。最早的“和”字出现在甲骨文中，为“龢”，表示吹奏用芦管编成的“排笛”，造成不同声部的乐音美妙、谐调、共振。看来，“和”在造字之初就具有发生、适度和协调等哲学与美学的含义。

如果说中表达的是一种静态的美，那么和就是一种动态的美。《道德经》中说，“万物负阴而抱阳，冲气以为和”。《论语》里讲，“礼之用，和为贵。先王之道，斯为美；小大由之。有所不行，知和而和，不以礼节之，亦不可行也”。在这里“和”就是把事情处理得恰到好处，是和平，是和谐，是阴阳平衡。“和”的考量指标是生，一切利于生生不息的环境条件才可以称之为和。

因此，把“中”“和”放到自然界，“中”就是没有人为扰动的自然状态，是自然而然，是自然天成，是万物引而未发，但又是最具生命活力的状态。“和”则是自然界的万物生发、物竞天择、欣欣向荣的状态。植物作为自然界最重要而且最丰富的生命现象，既守中也致和。翻开自然界里的植物篇章，人们看到的是繁花似锦和生生不息，而这恰恰是植物之“致中和，天地位焉，万物育焉”的真实写照。中是植物休眠未发或原始不器的状态（如种子），生长中致和的状态也可称谓时中；和是植物有序生长，个体与群体、物种与环境相和谐的状态。植物中和的具体表现为守中、内和、时中、外和、天圆、地方、致中及致和等八个方面。

一、守中之“种”

种子是植物中道的主要表现形式，从孕育到成熟，到止藏再到萌发，无不体现不急不慢、不偏不倚的生命状态。“种”的繁体字为“種”，从禾从重。“禾”指谷子；“重”意为“下沉感”“下坠感”。种子承接的不仅是全株的物质之重，更是植物种族延续繁衍的生命之重！生命必有生，有生必有死，有死必有传，有传必有种。从地球生命之初的蓝藻开始，生命便有了传宗接代的功能。由简单的细胞分裂到孢子的形成，大大地提高了繁殖系数；由孢子到种子，完备的胚胎大大地提高了繁殖效率；不同株间的杂交又大大提高了种群的适应性。所以说，种子植物是植物的最高级生命形态。

没萌发的种子安然祥和，犹如天地之初懵懵懂懂而蕴含万物，虽只是植物体上一个最小的器官，但却内含了根、茎、叶等其他器官的原基，并且融聚了糖类、蛋白质类、脂类、酶类和无机盐类等物质，以及一套完整的生命指令。

种子虽小，但极像一个小宇宙，无所不包：有物质，有能量，有信息。条件不合适时，种子可以休眠上千年；条件一旦成熟，一粒微小的种子可以成长为参天大树。从某种角度来讲，种子不应该是植物的一个器官，应该说是植物的一种生命形态。

南美洲阿塔卡马沙漠年均降水量还不足 1 毫米，其中有些区域甚至超过 400 年没有下过一滴雨（1570—1998 年）。所以，人们把阿塔卡马沙漠称为世界的旱极。但在 2015 年，一场超乎寻常的大雨竟然唤醒了蛰伏在沙地中不知多少年的植物种子，如锦葵和仙人掌等，它们把地狱般的沙漠变成鲜花盛开的天堂。

无独有偶，1953 年，有人从辽宁普兰店莲花泡地层里的泥炭中挖到了 5 粒古莲子，然后将它们送到中国科学院植物研究所古植物研究室的徐仁教授手中。这 5 粒古莲子在实验室内进行了一系列处理，然后被种入花盆中。让人惊奇的是，这 5 粒古莲子在潮湿的水土条件下，几天便都长出了幼小的荷叶。人们将此 5 棵幼荷从花盆中转移到池塘里，经过培育，一个多月后它们竟都绽蕾开花，二白、二粉红、一紫红，植株、花瓣与现代的莲荷几乎无任何区别。到了秋季，花瓣凋谢，还都结出了内有莲子的莲蓬。1997 年 7 月 13 日《羊城晚报》第 4 版报道，在北京香山脚下的中科院植物园中，用普兰店古莲子种出的莲荷，于 1997 年 6 月下旬开始开花，到 7 月初已开了 100 多朵。

种子的中道从何而来？来源于一个受精卵，种子是受精卵在母体上进一步地发育形成的一个胎儿。受精卵具有极强的活性，可以不断进行分裂，但又没有方向性，所以说它是中道。

老子通过细致观察，发现婴儿看似弱小，但生命力极强，适应性极强，婴儿的表现是最接近中道的本义。如《道德经》中多次提到“能如婴儿乎”“如婴儿之未孩”“复归于婴儿”“圣人皆孩之”等，都是这个含义。

同样，虽然植物体所有细胞都有完整的遗传信息，但只有活性细胞才属中道。如是，植物之中道不只体现在种子，任何一个“年轻细胞”都像婴儿一样。因为没有方向性，所以都具有全能性。如植物的分生组织细胞和愈伤组织细胞都可以通过组织培养形成一个完整的植株。

马铃薯是世界第四大粮食作物，对世界粮食供给起到举足轻重的作用。但由于经年累月的无性繁殖使植株体内病毒不断增多，从而影响了马铃薯的单位产量和品质。科学家通过研究发现，病毒的复制速度没有马铃薯生长快，在马铃薯株体的最前端，即顶端 0.2 毫米左右的分生组织是不含病毒的。为此，科学家通过采集马铃薯的生长点进行组织培养，获得了脱毒苗。用脱毒苗繁殖出的植株及其后代恢复了该品种的原有各种优良特性，因此马铃薯脱毒技术在世界各地被广泛推广。目前红薯、大蒜和草莓等作物均可利用组织培养完成种群繁殖，一些濒危植物的种群扩大繁殖也是用组织培养的方式来实现的。

细胞分裂不分开是生长，细胞分裂又分开是繁殖。越是高等的植物，繁殖方式越多，繁殖效率越高。细胞、孢子、种子都是植物繁衍进化的“种子”，犹如一向安静的原点，一旦有“和”即可萌动，由此开启又一轮生命征程。

二、阴阳内和

“比于赤子。……骨弱筋柔而握固。……终日号而不嗄，和之至也。”（老子《道德经》）意思是说初生婴儿的身体虽然那样稚嫩，筋骨是那样的柔弱，可是他的拳头却握得很紧，紧到大人都掰不开；婴儿虽然整天号哭，喉咙却不会沙哑，这是婴儿身体气血和谐至极的缘故。

同样，在植物的生命历程中，植物体各部位及不同器官之间呈现阴阳相济状态。阴阳相济就是矛盾双方相互促进和相互制约的关系，一个良好的生命状态，一定是如婴儿成长般的阴阳相济的致中和状态。植物的顶芽与侧芽、地上部与根系、生殖生长与营养生长等许多方面，都显现阴阳相济的中和之态。

植物界普遍存在顶端优势，即顶芽有抑制侧芽（侧枝）生长的现象。植物顶生为阳，侧长为阴，阴阳中和方能平衡成长。维持顶端优势是树木争得阳光最直接有效的措施。如果为了让树快速向上生长，把侧芽都去掉可以吗？答案是否定的。有人想让院子里的苹果树长高些再出分枝，就把下部的侧枝全去掉了，结果苹果树非但不向上长，反而折回头向下生长。这是因为苹果树的长高与主干增粗存在一定中和关系，主干的增粗主要是依靠侧枝供应营养，侧枝对树头又有一定的牵制作用。当把侧枝都去掉后，顶芽生长过快，而树干又没有侧枝提供营养，支撑不住树头向上生长，所以就低头向下而弯了下来。

植物地上为阳、地下为阴，阴阳中和方能茁壮成长。树大根深、根深叶茂是对树木地上部与根系相和状态的描写，枝叶的生长需要根系提供水分和矿物质，同样，根系的生长也依赖叶片光合作用的产物。生产上通过断根可以控制地上部生长，同样，对苹果树主干的环剥也可以导致 80% 以上的根系死亡。地上部生长过大，株体容易倒伏；而叶面积过小，根系就不可能发达。地上部与根系只有在中和的状态下，整个植株才能茁壮成长。生长为阳，繁殖为阴，阴阳中和相辅相成。

枝叶的生长（营养生长）与花和果实的生长（生殖生长）也需要中和之态，没有粗壮的枝条和硕大的树冠就不足以支撑丰收的果实，但过多的果实必定要吸收更多的养分，从而又会限制枝叶的生长。反之，枝条的旺盛生长把营养争走，往往也会限制花芽的形成，甚至造成落花落果。所以，营养生长与生殖生长不和谐就会出现果实过多的小老树，或者只长枝叶不结果的徒长树，只有树势中庸才是果树生长的最好状态。

三、四季时中

从某种角度讲，所有生命的外形都是生命力的外化，变的是外形，不变的是内在的生命力。植物就是这样，只要种子一旦觉醒，生长便不再停止。这种原发的、内在的生命动力即是“中”。植物的中道在一年四季的生长变化中秩序井然，充满美感。

春天来了，一场透彻的春雨唤醒了在土壤中沉睡的种子。种子的萌发，总是胚根先伸出种皮伸入土壤，等根深入土壤吸到水和营养时，胚芽和子叶才开始向上伸长，直至突破种皮伸出土壤见到阳光。从种子的吸涨、胚根扎下、胚轴伸长把胚芽和子叶送出地面，整个过程有条不紊，对能量和物质的利用都达到了极致。植物的幼苗虽然看起来那样的柔弱，但它的光泽里却折射出强大生命力的璀璨光芒。

夏季高温多雨最适合植物的生长，当我们走在玉米地里时，都能听到玉米秧拔节的声音。植物借天时、地利迅速地把叶面积长到最大，以供给果实和种子生长充足的营养。

植物的花芽与果实数量总能与植株供给的营养相适应。植物无论是春天开花，抑或秋天开花，它们的前提都是保证种子在隆冬到来之前能够成熟。每年中秋时节，许多人还穿着短袖短裤，或许还认为是在夏天，但聪明的植物却已知道时至中秋，高粱晒红了脸、谷子笑弯了腰、瓜果结满枝。从种子萌发到果实的收获，从初春到深秋，植物变化不温不火，让人几乎感觉不到，但其日必有所增，月必有所成。植物由种子萌发到株体成熟是如此的从心所欲不逾矩，为我们揭示了应时应季的生命智慧。从这个角度讲，我们是不是可以把“中”理解为生命力的程序或秩序呢?

四、内生外和

植物生于天地之间，必与所处环境相和相应，才能茁壮生长。从生态角度来看，在高山、大风、强光等恶劣的环境下进化出针叶的松树存活下来；在缺氧的水塘中，把茎叶进化成中空或海绵状的植物活了下来；风媒花（以风为媒介来授粉）为了方便花粉落到柱头上，提高授粉受精的效率，常常是向下开放的花朵柱头长于花药，向上开放的花朵柱头短于花药；而虫媒花（以虫为媒介来授粉）为了吸引昆虫则多了些色彩与香气，等等。

从气候角度来看，春季大地充满生机，所有植物都开始萌芽；夏季高温多雨，植物的茎叶和果实都开始快速生长；秋季天高气爽，天气转凉，种熟果丰；冬季水冰地坼，营养内收，叶落枝槁，阳气闭藏，以待春光。如此，生生不息、欣欣向荣、随缘而生和应境而变的植物界，无处不彰显着“尚中贵和”的境界：巧妙利用，优势互补，自然整合，避免极端。“故天生之物，必因其材而笃焉。故栽者培之，倾者覆之。”（《中庸》）仙人掌与小叶紫檀是一对个体性状与环境反差比较大的植物。仙人掌生活在干旱的沙漠中，但却是含水量最高的植物之一。小叶紫檀生长在赤道附近的热带雨林之中，按理应当生长迅速、含水量高，但它却是世界上含水量最少、质地最硬的木头之一。这种反差恰恰就体现了植物与环境的内外和谐。

中医认为身体六神和合就不会生病，生病了一定是内里不和，内里不和就要用与之相对立的药进行纠正，所谓“药用其偏性”。每一味药都有或热，或凉，或辛，或苦等特点，而每一种药用植物的药性往往与其生长环境相反。从这个方面也可以看出古人“天人合一”的哲学理念，事实上也正是这个理念指导着中医护佑着中华民族健康地一路走来。

西瓜和附子是一对非常有趣的植物。西瓜是人们夏季必备的消热解暑、生津止渴的水果，在炎热的夏季吃一块西瓜是一件非常惬意的事。但不知大家想过没有，让人身心清凉的西瓜偏偏是生长在太阳暴晒下的大热之地。与西瓜相反的，附子是一味药性大热的中药，有“回阳救逆第一品”的美称，可它偏偏生长在高山背阴冷凉之处，而且还要在冬天采收泡制药性才好，其功能也在主治风寒湿痹等一切沉寒痼冷之类的疾病。

马齿苋俗称酱板草，广泛分布于温带和热带地区，为田间常见杂草。马齿苋耐旱抗高温，生命力十分顽强，有童谣说：“马齿苋，命似铁，翻转屁股晒六月。”假如你在三伏天，挖几蓬马齿苋置在烈日底下暴晒，即便暴晒一个

马齿苋：马齿苋科、马齿苋属。一年生草本，茎平卧，伏地铺散，枝淡绿色或带暗红色；花无梗，午时盛开；蒴果卵球形；种子细小，偏斜球形，黑褐色，有光泽。中国南北各地均产。性喜肥沃土壤，耐旱亦耐涝，生命力强，生于菜园、农田、路旁，为田间常见杂草。

月也不会死，待得一场雨后仍可鲜活如初。一直以来，无论夏天多么炎热，马齿苋从不会萎蔫枯毙，故而又得名为“长寿菜”。令人称奇的是，马齿苋天天在太阳下暴晒，但其药性偏偏是酸、寒。常用于清热解毒、凉血止血、止渴及热痢脓血、热淋、痈肿恶疮、丹毒等热症。

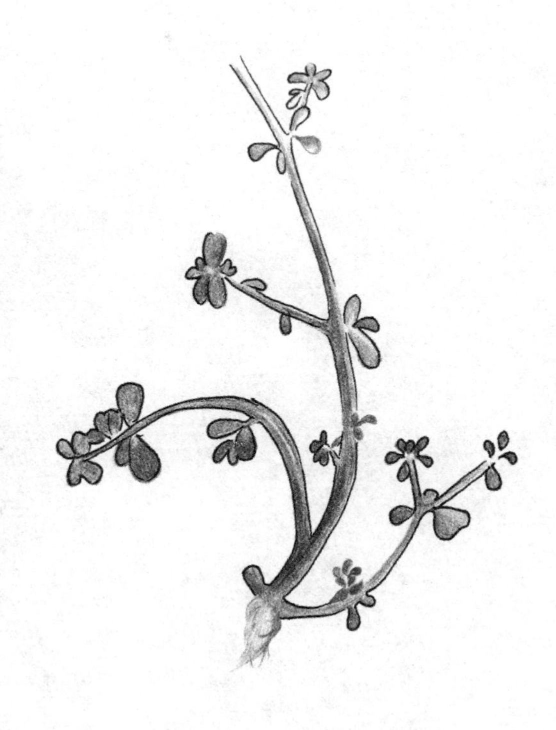

纵观上述几种植物，可以看出植物本身的药性往往与生长的环境互补：冷凉地生长的植物性热，阳光暴晒下生长的植物性凉。植物与环境的高度契合足以让人叹为观止，补者，合也，和也。

五、天圆之中

天圆地方是中国古代对宇宙的一个基本认识，但后来被人们误解，机械地认为天像伞圆如盖、地像棋盘铺四方。《周易》中提到，“反复，道也。”其实，天圆的意思当然是指圆形，更深刻的寓意也指轮回和反复。如天体是圆的，水滴是圆的，点是圆的，甚至直线也是“圆”的。又如天体运行轨迹是圆的，河流是圆的（九曲十八弯可为几多圆），时光的春夏秋冬和生命的生住异灭也是“圆”的，即循环往复、无穷无尽。

有圆就有中，圆道即中道。圆在植物上也有着丰富的体现。植物的种子和果实都是近球状或圆柱状，这样的形体是同样表面积情况下，体积最大的形

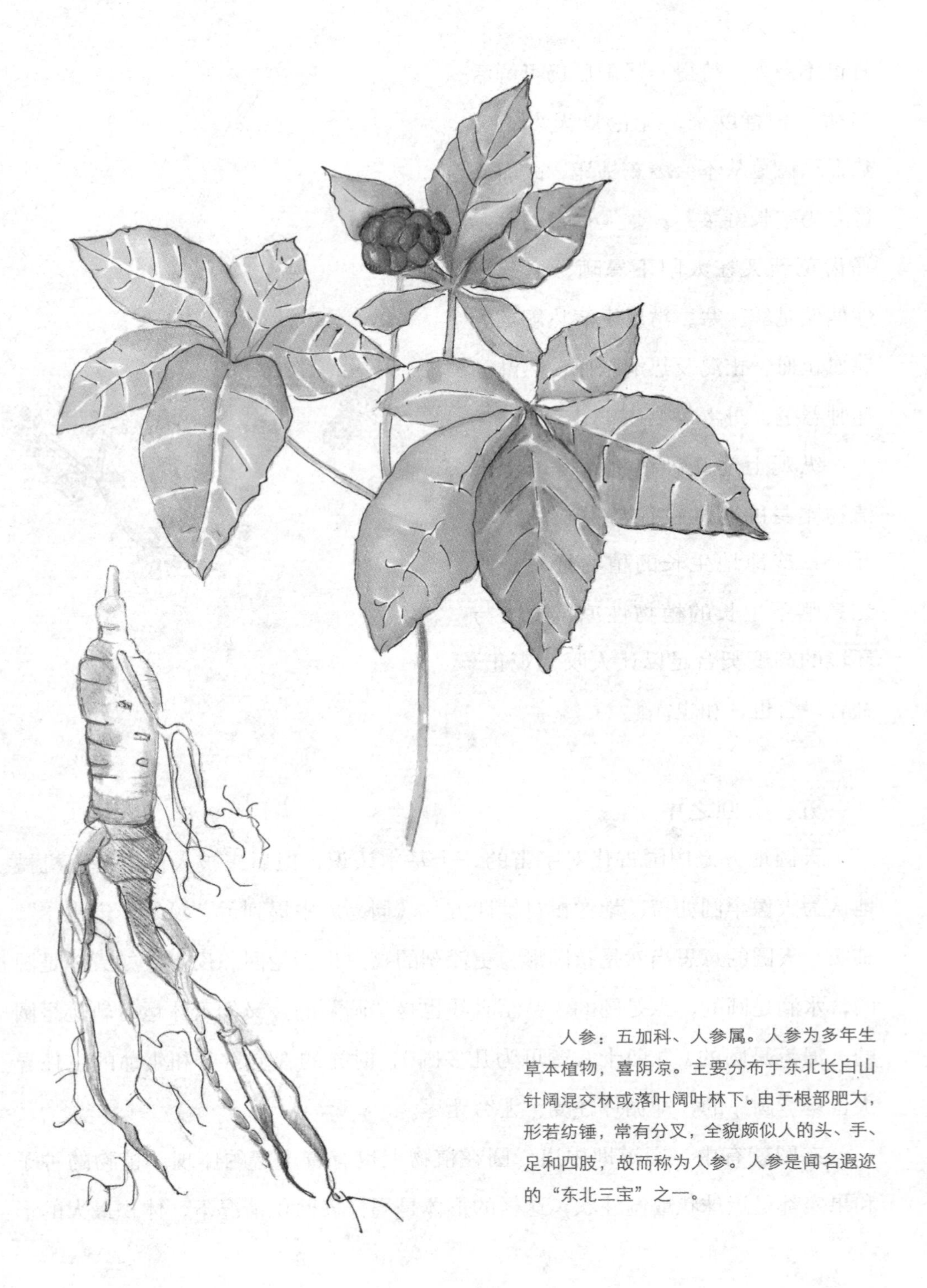

人参：五加科、人参属。人参为多年生草本植物，喜阴凉。主要分布于东北长白山针阔混交林或落叶阔叶林下。由于根部肥大，形若纺锤，常有分叉，全貌颇似人的头、手、足和四肢，故而称为人参。人参是闻名遐迩的“东北三宝”之一。

状。有些植物如香蕉、玉米等，虽然单个果实或种子不是近球形或圆柱形，但它们往往聚合出现，聚合果则是近球形或圆柱形。球形的果实或种子还有一个重要的用途就是从高处落下后，受伤害最小，并且可以滚落到更远的地方，有利于种群的扩散和传播。椰子是出了名的高大果树，树干高达 30 多米，果实落下时威力巨大，球形的椰果有效地分散了下落的冲击力，使果实能最大限度地保存下来。

绝大多数植物的茎截面都是圆形的，这样的维管束使得体液的传送效率最高。植物叶幕的投影基本也是圆形，类圆形的叶幕可以有效地把风阻降到最低，把光能利用到最高。植物的花朵同样也都是近圆形，近圆形的花朵继承了叶片的避风性能，同时提高了芳香的弥散性。其实，不只是植物个体的外形都与圆相关，即使植物的群落也都是近圆形，如原始森林、自然草原及水生环境。植物来源于水，水滴是圆形的，植物的体液都具有水的特性，最柔软的分生组织也都是圆形。

植物的叶片、果实、种子、树冠、根冠以及茎的增粗都是以圆形扩散式生长，自然界中植物种群的扩散轨迹也呈圆形。如在一块野地里发现一株黄顶菊，如果没人类的干预，那么，一年后其发展面积就是以原株为中心的近圆形。

六、地方之和

天圆地方的“地方”即是方之地也。《周易》“方以类聚”是指每个地方都有各类生物与环境形成一个和谐的生态群落。可见，“地方”的“方”也有和的意思。

一个地域的植物一定与其环境相应。我们观察一座高山会发现：山脚以大树居多，山腰以灌木为主，而山顶则基本是野草的世界了。为此，人们发现了海拔的指示植物。如太行山六道木自然分布于海拔 1 200 ～ 2 000 米，我们只要在太行山上见到六道木，那么，我们就知道海拔到了1 200米左右。植物的垂直分布主要是受到光照、温度、湿度、土壤和风等生态因素的影响，是环境梯度造成了植被梯度。比如，在珠穆朗玛峰南坡，从山脚到山顶，随着海拔高度的上升，温度逐渐下降，植物群落也发生着连续的变化，自下而上依次为常绿阔叶林、针叶阔叶混交林、针叶林、高山灌丛、高山草甸等。由此可见，植物群落随着海拔的上升而发生变化的主要原因是温度下降。又比如，在海洋里，随着深度的增加，光线逐渐减弱，在不同的水层中分布着不同的植物群落，自上而下依次是绿藻、褐藻群落和红藻群落。

地方之和也体现在不同植物之间。在没有人为扰动的原始森林里，乔木和灌木、草本和木本、蕨类和苔藓类都是并存的，它们并没有出现高等植物欺负低等植物的现象，反而是高等植物为低等植物的生存与发展提供了合适的条件。随着每年夏季的到来，长白山的温湿度都达到了最高，长白山蕨的孢子随即萌发，茁壮地生长在落叶松斑驳的光影之下和松软厚实的松针之上。同样，在树的背阴处，在松树树冠和长白山蕨的遮蔽下，苔藓也茂盛地成长起来。一个和谐共存的生态群落由此形成。

地方之和也体现在植物与人之间。山东大葱、南方甜菜、山西小米及北方盐碱植物的分布造就了中国古人“南甜北咸，东辣西酸”等不同口味的生活习惯。同样，南方多雨种植水稻，北方干旱种植谷物，也造成了南米北面的典型饮食习惯。另外，北方种棉花、南方多桑麻也影响到了南北方人们的服饰材料。

七、南竹之“中”

中国是竹子的主要原产地，竹子多分布在长江以南及巴蜀地区，故可称南竹。竹子之尚中颇受人们尊崇。竹子尚中的表现之一就是中空而有节。在远古的江南地区有一个山沟，生长着一丛普通的禾本科杂草。为了获取更多的阳光，争取更多的营养，它的茎叶拼命挣扎向上，根系努力向下向四周伸展。奇迹就在这一瞬发生了，它的茎有了木质素的积累，坚挺着向高处生长。它低头看看原先的伙伴，既熟悉又陌生，相互一点头，竹草相揖别，然后自顾生长去了。随着生长，纤细的竹身很容易被风吹折，甚至被自身的重量压垮。猛然间，竹竿中间产生了纤丝，逐渐又形成了横隔，于是，竹节产生了。中空而有节成就了竹子的高大与伟岸，既创造了自然的奇迹，也给人类提供了仿生研究的方向，指导了人们的建筑生产。在人文方面，竹子的中空而有节成了仁人君子高尚品格的写照，所谓“未出土时便有节，及凌云处尚虚心”（徐庭筠《咏竹》），即如此意。

竹子尚中的表现之二就是“竹密不妨流水过”。竹子体型相对纤细，单独对抗风霜雪雨及病虫害的能力较弱，所以，在大自然中我们不会见到单独生长一根竹子的情形。即竹子天性善群，多是成片出现。

一般的植物如草坪成群生长到一定阶段时，相互之间往往会发生营养及水分的恶性竞争，最后的结果是出现蘑菇状死亡斑。但竹子不会出现这种情况，竹子尽管成群出现，但自出生时彼此间就保持了一定的距离，使它们既能互相扶持，又不互相伤害。孔子曾说，“朋友数，斯疏矣”“君子和而不同”。君子恰如竹子一样，各自保持自己的本性，但彼此之间又能和睦相处。

竹子尚中的表现之三就是高下有定数。竹子没有形成层，没有增粗生长。也就是说从竹笋出土时就已决定了它的粗度，而竹子为了保持株体的支撑力和吸收阳光的需求，它的粗度与高度之间的比值是一定的。所以，当竹笋出土的那一刻就决定了这棵竹子的未来生长状态；并且，不同品种的竹林表现也大不一样。所以，相比较林木森林来说竹林的生长大多非常整齐。

竹子尚中的表现之四就是涅槃寂静、视死如归。任何一个生命都有生住异灭、幼壮老亡的过程，许多植物是在生命的后半程中每年都有果实和种子的产生，但母株却不凋亡，致使种子落在大树之下而不能萌发。即使萌发，小苗也生长不良。不仅如此，树上的果实也会因为母株的生长，而出现落花落果一年多一年少的大小年情况。只有当母株死亡后，其株下的种子才能正常萌发，茁壮成长。而竹子不是这样，竹子要么是自己生长，要么产生果实和种子时，母株随即死亡，为新生代腾出充裕的生长时间和空间。竹子这种视死如归、涅槃寂静的精神使得竹林的更新比较整齐、密度间距适宜，竹林生态平衡度好，抵抗不良环境能力强。

八、北槐之“和”

“太社惟松，东社惟柏，南社惟梓，西社惟栗，北社惟槐。”（班固《白虎通》）。其中的北社是指太社（国君祭祀天地的地方）以北3公里所建的祭祀土神的社坛。人们认为掌管北社的神是槐树。可见，在商周时期，先人就开启了对槐树的敬仰之情。目前，北京、西安、太原、济南、邯郸、郑州等几十个城市都以国槐为市树。

槐树如此走进先人的生活绝不是偶然，而是自有其独特的智慧与品格，槐树与天地人相和是其主要原因。

一是与天相和。国槐是对气候反应比较温和的树种。每到春天，它都不急于发芽，总是等到气候稳定后才开始生长。同样，到秋天它在第一次霜冻过后就基本落叶完毕。相比较而言，柳树则缺少这种智慧。柳树总是发芽比较早，落叶比较晚。所以，柳树几乎每年都受冻害，每年都有大量的细枝被冻死。国槐不温不火，与天时相和，这让它很少受到低温的伤害。槐树一旦萌芽开始生长后，便生长得极为迅速，在较短时间内就形成比较大的树冠和叶幕。所以，国槐虽然萌芽晚，但光合效率却很高，生长量较大。

二是与地相和。槐树对土壤要求不严，在北方分布广泛。土层深厚肥沃生长得快些，土壤瘠薄就生长得慢些，即使在盐碱地里也能生长。国槐在漫长的生存发展中，随着土壤等环境条件的改变，其自身性状也出现了相应的改变，产生了毛叶槐、龙爪槐、宜昌槐、堇叶槐、五叶槐和平安槐等变种。变种不仅丰富了国槐的遗传基因，也丰富了人们的生活。国槐这种不变随缘、随缘而迁的特质是物种生存和扩大种群范围的大智慧。

三是与人相和。作为天地之灵的人类，对万物的选择是非常挑剔的。国槐材质优良，木材颜色内黄外白，质地坚硬，纹理无节而通直且富有弹性，耐水湿和腐蚀，是农具、车辆、造船、雕刻、造屋、建筑、制作家具的重要用材。即使在科技高度发达、新材料日新月异的今天，人们也都还是以槐木为上等材质。此外，槐树的叶和花可烹调食用，是难得的美味佳肴。国槐的花、荚果、叶和根皮均可入药，既是中药，又是制药的原材料。可以说，槐树与人们衣食住行等生活息息相关。

四是与岁相和。俗话说，“千年松树万年柏，赶不上老槐歇一歇”。槐树的寿命极长，千年老槐树在北方比较常见。槐树长寿的主要原因就是产生不定芽的能力强和潜伏芽寿命长。每当槐树的上部受伤后，其下部枝干上或老根上就会产生大量的不定芽（在高等植物正常的个体发育中，芽一般是只从茎尖或叶腋等的一定位置生出，称为顶芽、腋芽、副芽。由于它们固定在一定部位生出，所以称为定芽。与此相反，植物从茎的节间、根、叶片或伤口附近产生出的芽，称为不定芽。)，从而长出新的植株。这种更新能力是槐树长寿的根本保证。

河北省涉县固新村有棵千年古国槐，树高 29 米，胸径 4.4 米。据中科院古植物保护专家鉴定，该树有 2 500 多年的历史，也是目前我国已知的树龄最长的槐树之一。大槐树旁边建有颂槐亭，古今文人墨客多有题咏，大槐树被誉为“天下第一槐”。传说有一盲人来看老槐树，到树下后把手杖往树边一靠，就开始慢慢伸胳膊搂槐树，看看有多粗。可是，老人连搂了九下，也没摸到手杖。这时老人也累了，于是坐下歇一下。结果，坐下时伸手刚好摸到手杖。所以就有了“固新老槐树，九搂一屁股”的故事。

由于年代久远，目前固新槐树的树干、主枝已大部分枯朽，仅东南方向有约占全树五分之一的一个主枝及部分侧枝仍继续生长延伸，形成覆盖面积半亩之多的新树冠。古槐枝繁叶茂，在当地有“槐荫福地”的盛誉。这株古槐与晋祠“周柏”同龄，可谓槐中之最。它虽然在历史上屡遭自然灾害和战火的摧残，历尽千年沧桑，但仍以旺盛的生命力傲然于世。

槐树就是这样的低调，这样的朴实无华，充满与天地人相和的智慧。它虽缺少现代绿植的多姿之态，却在历史上光芒万丈。它既提供着衣食住行的便利，又承载着厚重的传统文化。

尚中贵和既是生命的归宿，也是生活的态度，更是生存的智慧，这种智慧在植物的生命中得到完美的诠释。在人类到来之前，植物就与自然相依相伴了几亿年，它们之间早已形成了一种默契；这种默契对迟到的人类来讲，无疑是全方位的启迪。

（何树海）

第六章　和而不同

点绛唇·绿绿红红

（新韵：八寒）

绿绿红红，
棵棵花叶奇容展。
干型长短，
缠绕同生产。

各有千秋，
何必谈深浅。
情缱绻。
惠风和暖，
携手征途坦。

在中国，“和”是一个非常重要的概念，“以和为贵”是中国文化的根本特征和基本价值取向。“和”是不同性质的东西相掺和，它反映的是一种有差异的平衡或多样性的统一；“同”指的是相同事物的堆积，它反映的是无差别的同一或抽象简单的同一。“和”的关键，首要在承认不同，如果都相同，就无所谓“和”了。不同，也能共处于一个统一体中，进而展现出不俗的影响力。正是基于这种思想，孔子将“和”与“同”的差别引入到人际关系的思考之中，便有了《论语》中“君子和而不同，小人同而不和”的经典论述。

其实，植物天生就有着“和而不同”的君子风范。地球上有大约40多万种植物，不论从形态特征，还是生物学特性，植物之间都存在着千丝万缕的联系，也有千差万别的迥异。无论森林、草原，还是湿地，它们都追求着一个系统内在的和谐统一，展现出“和而不同”的繁华景象。其背后有着生而有异的事实，有着异中有通的交融，有着美美与共的仁义，有着天人合一的和谐，以及最后达到的共和境界。

一、生而有异

生而有异是生命存在的手段，也是生命存在的状态。用哲学语言来讲，就是物质世界是绝对运动的，物质世界这种绝对的运动造就了事物在不同时空的独立性。独立的万物造就了世界的缤纷多彩和无穷的魅力。正如孟子所说：“充实之谓美，充实而有光辉之谓大。”不同事物的组合，才能称之为“充实”。不同审美规则的组合，才能创造美。寓杂多于统一，是美学家都承认的美的生成规则。

《周易》说：“六爻相杂，唯其时物也。”又说：“物相杂，故曰文。”没有杂多，没有不同，便不成其为“时物”的世界了，当然更无所谓文化。地球上不同的生态系统都是由不同生物组成的一个和谐的整体。其中，植物不仅有高、矮、肥、瘦之分，还有乔、灌、藤、草之别，群体里物种之间的差异明显。从外形上看，有小到单细胞的蓝藻，大到上百米高的桉树；从寿命上来看，有月余就完成一个生命周期的短命菊，也有上万年的云杉；从花来看，有无花之果，有昙花一现，也有紫薇的百日之红；从香气来看，有兰花的王者之香，也有莲荷之清香，还有樟檀树之幽香。它们在不同地域、不同物种间，各自保持着自己的个性，不断地繁衍生息。

大自然是如此的不可捉摸，貌似相同的东西，细观察却是生而不同的两兄弟。香椿与臭椿正是这样的一对兄弟，它们一香一臭，气味迥异，用途不同；却各自坚守，用生命的绿色谱就一曲奉献的赞歌，展现出“生而有异”的景象。

香椿，属于楝科、香椿属的落叶乔木，兼有食用、绿化、木材等用途。其中食用是人们栽植的主要目的，在我国已有 2 000 多年的栽培历史。在今天讲求绿色、无公害食品的氛围中，香椿自然备受推崇。

香椿雅俗共赏，常被人工栽植于庭院或棚室，这是臭椿不曾有过的体验，或多或少也会被投来些嫉妒的眼神吧。然而香椿在被艳羡的同时，也忍受着再三被折断的痛苦。香椿接连受伤，也做出了抗拒：首先让自己的青春期变得非常短暂，不几日就变得粗糙不堪。还有就是在第一次被人掐掉后，长出二茬的品质明显降低，待到第三次萌发，叶片已经难以下咽了。如果还有人不懂得香椿树的“语言”，管不住自己嘴巴的话，香椿树会以“死”抗争——发蔫，然后死给你看！

香椿的做法，正应了“事不过三”的道理。人世间的事情，亦大抵如此。青春短

香椿：楝科、香椿属。乔木，树皮粗糙，片状脱落。喜温，喜光，较耐湿，适宜生长于河边、宅院周围肥沃湿润的土壤中。中国人食用香椿久已成习，汉代就遍布大江南北。椿芽营养丰富，并具有食疗作用，主治外感风寒、风湿痹痛、胃痛、痢疾等。臭椿：苦木科、臭椿属。因叶基部腺点发散臭味而得名。分布于中国北部、东部及西南部，生长在气候温和的地带。这种树木生长迅速，可以在25年内达到15米的高度。此物种寿命较短，极少生存超过50年。

暂而有朝气，用“诗酒趁年华”的劲头去努力奋斗，用短暂的嫩芽惊艳自己漫长的生命，然后收敛锋芒，执着生长，成就完美人生。

臭椿原名樗(chū)，属于苦木科、臭椿属的落叶乔木，因形似香椿气味发臭而得名。它很耐干旱、瘠薄，耐中度盐碱土，在微酸性、石灰质土壤中均能生长；对烟尘、二氧化硫的抗性强。在国内是矿区绿化、盐碱地改良的良好树种，在印度、法国、德国、意大利、美国等国常作行道树用，颇受赞赏而称为天堂树。

人常说，“天生我材必有用”。唐代大诗人白居易在他的《林下樗》中有诗云：“香檀文桂苦雕镌，生理何曾得自全。知我无材老樗否，一枝不损尽天年。”这种守拙而保全的本领对我们颇具借鉴意义。

与香椿比，臭椿则远离芬芳和绚烂，用自己的臭拒绝外界的纷扰。它远离人群少惹是非，在荒坡、道旁与少数为伴，坚守着自己的朴素与平淡，忠于自己的生长；它栉风沐雨砥砺前行，直到被称为“树王”，将卑微和伟大贯通。

香椿不去凑臭椿的清冷孤寂，臭椿不参与香椿的热闹繁华，它们不同的坚守换来不同的命运，风格和气质也渐行渐远；它们在相互注视中既各自成景，又相互映衬，以自己最舒服的姿态存在着，无论对本身还是人类都各自精彩。这也正契合了《论语》中“君子周而不比，君子和而不同”的境界。

可以肯定的是香椿和臭椿都是人们喜欢的树种，共存于人们生活中，当作行道树、庭院树和观赏树。在华北及中原地区的农村常见到香椿与臭椿相伴混生的情况。

正是植物的生而有异，才使得我们赏得百花争艳，春兰夏荷秋菊冬梅；正是植物的生而有异，才使得我们穿得冬暖夏凉，有了棉麻丝绸；正是植物的生而有异，才使得我们住得方便，有了梁檩柱门桌椅柜床；正是植物的生而有异，才使得我们医病有百草良方；正是植物的生而不同，各安其命，才使得我们这个世界里的万物都有各自的精彩。

二、和谐共存

异彩纷呈的植物世界，总是呈现出不同植物间的和谐共存、生态平衡，其背后是植物生命对环境长期不断适应且相互间选择与利用的结果。世界上形态各异的植物相互交叉、互相融汇，因天之序而生长，求同存异而共生，一同走向“和”的大道。这里的“和”既有共和之意，还有更多的交流和相处之道。植物是不动的，生在哪里就长在哪里，它们之间由和谐相处而呈现“美美与共”的景观世界。大树遮住小树，大树没有趾高气扬，而是用“仁”的态度为小树遮风挡雨；小树在斑驳的树荫下努力生长，相安无事，以“仁”的方式尽情演绎生命的繁华。这种求同存异、以和为贵的态度，决定了世界的发展方向，成就了人类社会的高度文明。

和谐共存是植物群体生长所必需的。一个植物群落里既有参天大树，也有弯曲细弱的矮树，还有蕨类与苔藓。多种植物共生一处，看似个体上巨大的不同，恰恰组建了一个相互协调而共生共荣，展现勃勃生机的植物群落。

牡丹和芍药极尽融合，成就了和而不同的景观。牡丹在隋唐之前是没有的，不是没有其物，是没有其名。牡丹和芍药在隋唐前统称为芍药，到隋代才有花匠分出木本与草本，把木本芍药称为牡丹，草本芍药称为芍药。芍药、牡丹生而有异而被同，同而有异又可分。但其亲缘关系注定它们是分不太开的，它们之间相互杂交融合育出了许多新的品种。用历史的眼光来看，古人不分芍药和牡丹是因为它们分布地相同。再进一步讲，芍药是牡丹的变异或牡丹是芍药的变异也未尝不对。

牡丹是毛茛科、芍药属植物，为多年生落叶小灌木，花期 4 ～ 5月。作为我国传统名花，牡丹以其花朵硕大饱满、色彩艳丽夺目、寓意雍容华贵，为

牡丹：毛茛科、芍药属。多年生落叶小灌木；5 片花瓣或为重瓣，玫瑰色、红紫色、粉红色至白色；花期 4 到 5 月。适宜在疏松、深厚、肥沃、地势高燥、排水良好的中性沙壤土中生长。牡丹种植最集中的有菏泽、洛阳等地。目前，牡丹遍布中国各省、市、自治区。

人们所喜爱，是公认的“花中之王”。牡丹是我国古典园林栽植的传统名花，与楼台亭阁、轩馆斋榭错落搭配，相得益彰，互映成辉，体现了“天人合一”的民族文化。

芍药又称别离草，是毛茛科、芍药属多年生草本植物，花期在 5 ～ 6 月。园艺品种花色丰富，花朵硕大，单株花瓣可达上百枚。芍药被人们誉为“花相”或“花仙”，且被列为“十大名花”之一，又被称为“五月花神”，因自古就作为爱情之花，现已被尊为七夕节的代表花卉。

牡丹与芍药的花期相对独立，牡丹花期较短，且早于芍药开放，有时候会在一定程度上影响了游客的赏花体验，让人产生意犹未尽的感觉。所以，在许多牡丹观赏园，将牡丹和芍药混合种植，牡丹和芍药的花期实现“无缝对接”，让“花王”牡丹芳菲未尽，“花相”芍药绽放迎宾的盛景呈现，满足人们的观赏需要。另外，芍药、牡丹同属毛茛科，种在一起，两种花会互传花粉，通过杂交出现新的品种，花朵会越开越漂亮。

千百年来，人们把牡丹和芍药并称为“花中二绝”。牡丹与芍药如同双胞胎姐妹一样，所以不少人会把两者弄混淆。其实，牡丹和芍药同属毛茛科、芍药属，其区别要看花茎、叶子、花型和花期。第一看花茎。芍药是草本，落叶后地上部分枯萎，亦称为“没骨花”；而牡丹却是木本花茎，落叶后地上部分不枯萎。第二看叶子。牡丹的叶片宽，叶表面绿中带黄、无毛，下表面有白粉；芍药叶片狭窄，叶子上下浓绿。第三看花型。牡丹花朵都是顶生，芍药花则是数朵并蒂而生。第四看花期。牡丹暮春开花，芍药较晚，多在夏初开花，有“春牡丹”“夏芍药”之说。

牡丹和芍药杂交培育新品种始于 19 世纪的法国，至今已有 100 多年的历史，已选育出大量新品种，为全世界牡丹、芍药的繁荣做出了巨大贡献。远缘杂交在欧美仍然方兴未艾，是最重要的变异来源，牡丹和芍药的许多品种均来源于此。近年来，我国建立了全球最大的洛阳伏牛山牡丹保护育种区，通过牡丹、芍药远缘杂交，已经培育出许多新的品种。

无论是牡丹和芍药的混合栽植延长赏花时间，还是两者之间的远缘杂交选育出新品种，它们都是融入了各自的长处，前赴后继地把美呈现出来。这种把不同视为和谐的前提，美美与共的生长在一起的态度，是植物追求“和谐共存”的又一例证。

和谐共存也是园林美学的根本。在花镜设计中，巧妙利用乔灌草的搭配、叶型与叶色的搭配以及不同花期的搭配，才能形成不同而和的美。这就如同国画上虚实相生、浓淡相宜、高下相形等巧妙的笔法，才能勾画出整幅作品的和美。

人们在开发和利用自然资源过程中，总有不如意的地方。如我们需要的植物有时长势会很弱，而不需要的杂草生命力可能又很强；我们需要的果树产量高，但抗性差，易得病。通过嫁接就能克服这些不利的因素，为我们农业生产选育出更好的品种，获得更多的产量。而嫁接的过程，就是利用不同的砧木和接穗的亲和力及互补性，让来自不同树体的组织达到“和”的境地。另外，随着园林技术的发展，各物种之间的杂交融合在人的干预下频繁起来。新品种不断涌现，在叶型、花型、叶色、花色和株型，甚至生态类型等方面都有了很大的变化。这在给人类带来美的享受的同时，也极大地丰富了植物的品种。

三、天人合一

天人合一是中华民族 5 000 年来的思想核心与精神实质，它强调人与人的和谐、人与自然的和谐、个体与群体的和谐，这在本质上与“和而不同”是一致的。智慧的先民将植物生长的“内在秘密”与人的生命相连接，即通过观察和实际操作，在揭开植物生命本质的同时，让我们与身边的生命形态联结，从而实现我们内在的“季节转换”。这不仅仅是想象力之旅，更是行动与转化之旅。

古代中国是农业文明为主的国度，人们在与自然的接触中，总结了许多智慧，懂得因时序而劳作的道理，创造了灿烂的农业文明。例如，梨花开的时节，正是进山采蕨菜的时候；枣树发芽就是可以种植棉花的时节；“插了梅花便过年”的俗语流传至今；民间历来有数九的风俗，《九九消寒图》就是自冬至起，每日涂染梅花一瓣，直到把图中的81瓣素梅染毕，春天就到来了。这些植物与人的智慧薪火相传，处处展现出植物与人和谐相处的景象，时至今日，仍能用来指导农业生产。

水稻是人类赖以生存的主要粮食作物，现在世界上有超过14万种水稻，而且科学家还在研发新稻种。水稻众多的品种间既有联系，又有区别，因人而做，是天人合一的典范。

水稻是草本稻属的一种，据考证在原始条件下耕种水稻，亩产为50公斤，到20世纪初也仅为100～150公斤，但到2018年，袁隆平在河北邯郸水稻示范田却创下了亩产1 203.36公斤的新纪录。

籼稻和粳稻是水稻长期适应不同生态条件而进化出的不同种类，在世界产稻国中，只有中国是籼稻和粳稻并存，而且面积都很大，地理分布集中。籼稻主要集中于华南热带和淮河以南亚热带的低地，分布范围较粳稻窄一些。籼稻是由野生稻演变成的栽培稻，是基本型。粳稻分布范围广泛，南方的高寒山区、云贵高原到秦岭、淮河以北的广大地区均有栽培，粳稻与野生稻有较大差异。因此，可以说粳稻是人类将籼稻由南向北、由低向高引种后，逐渐适应低温的变异型。

从一粒种子的进化之路望开去，中国进步与发展的壮丽画卷令人惊喜。中国著名水稻育种专家袁隆平用科学方法培育出了世界上首例杂交水稻，被称为“杂交水稻之父”。就杂交水稻本身而言，是将海南岛一种野稗与现有水稻杂交培育而成，是物种间的融合。在此基础上，超级杂交稻的培育成功，大幅度

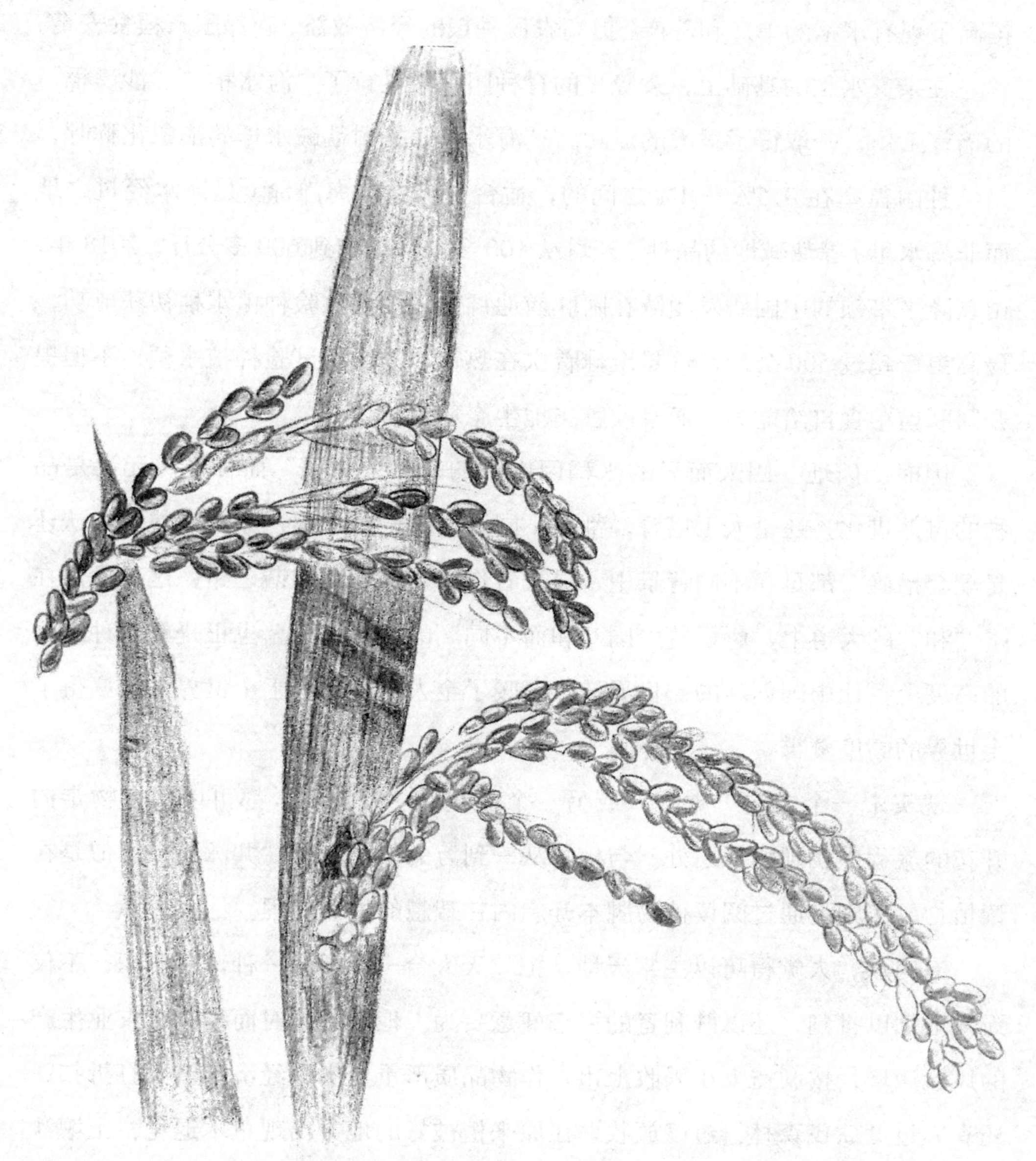

水稻：禾本科、稻属。所结籽实即稻谷，稻谷脱去颖壳后称糙米，糙米碾去米糠层即可得到大米。世界上近一半人口以大米为主食。中国水稻主产区主要是东北地区、长江流域、珠江流域。

提高了现有水稻的单产和总产，提高农民种粮的经济效益，确保国家粮食安全。

在杂交水稻的基础上，袁隆平的育种团队又进行了“海水稻”“沙漠稻”的培育工作，并取得了很大的成功。“海水稻”是耐盐碱水稻的形象化称呼，是一种耐盐率在 0.5% ~ 1% 之间的，适合生长在滨海滩涂（是海水经过之地而非海水里）等盐碱地的品种，产量从 100 多公斤增加到 600 多公斤。2018 年，由袁隆平带领的中国研发团队在阿联酋迪拜热带沙漠试验种植水稻初获成功，最高亩产超过 500 公斤，这是全球首次在热带沙漠成功试验种植水稻，不但提升阿联酋粮食自给能力，而且改善当地生态环境。

因时、因地、因人而异的水稻因中国的“东方魔稻”而神奇。无论是品种的自然进化，还是人工培育，都是不同基因的融合过程；无论是栽培方法还是配套措施，都是在不同背景中，寻找着作物与环境的和谐之路，这正是走在了“和”的大道上，彰显着中国“和而不同”的文化魅力。也正是在这种文化的高度上，让中国创新的“世界波”温暖了全人类，造福于全世界，也赢得了全世界的高度赞誉。

现实中一个人的“觉醒”或另一个自我的“开放”，都可以从植物走向开花的旅程中找到相似之处。与植物从一到万的形态变化“共泳”，看似是在读植物，实则是通过阅读植物脚本开启内在智慧的生命旅程。

有时候，人觉得可以主宰天地，把“天人合一”视为一种落后意识，不仅无知地加以批判，还以胜利者的姿态肆意妄为。他们逆天时而种植让农业生产的风险激增；按利益大小采收上市，作物品质严重变劣，经济价值大打折扣；还有人过度砍伐森林、过度放牧，让原来植被好的地方出现草木退化、土壤沙化，乃至灾难频发。当人类经历了一段苦难历程，吃过环境恶化的苦头，终于认识到人与自然必须保持协调，关爱自然就是关爱人类自己时，才有了退耕还林、还草，限牧禁牧，封山育林，人工造林，设立自然保护区等措施，以期达到人与自然的和谐统一，实现人类社会的永续发展。

当今世界面临着“人口过剩”“环境恶化”“资源短缺”三大危机，严重威胁着人类的生存、发展，“保护地球”成为全世界共同的呼声。经济社会要持续发展，必须控制人口、保护生态环境、合理利用资源、发展循环经济，既要满足当代人的需求，也要为子孙后代留下更大的发展空间。“天人合一”的思想，由于它的客观性和前瞻性，至今仍闪烁着理性的光芒。

四、和而不同

和而不同背后是道的统一。《中庸》：“万物并育而不相害，道并行而不相悖。”这个世界本来是非常和谐的。中国文化里面的“和”，是人人都乐于接受而向往的和谐境界；而“不同”，则是“时物”的多样性，是世界本来的样子，是创意的源泉、美的出发、充实而光辉的起点。比如，园林植物的选择，想要获得好的效果，就要使用十几种乃至几十种不同的植物品种搭配开来，高矮错落、花草繁盛，从而汇成蔚为壮观之自然景色。反之，如果大面积栽植同一种植物，审美就显得单调乏味，一场自然灾害就可能产生毁灭性的效果。所以，我们的世界本来就是，也应当是一个“和而不同”的多样性的世界。

和而不同是生态平衡的基础，看似不相关甚至相克的事物之间往往能长时间共存，达到一种默契与平衡。这在植物界、在园林艺术上是非常普遍的现象。

园林植物的和谐既有与山水、建筑的匹配相适，也有植物之间、植物与人的和谐共融。以人类认识植物的视角来解构园林植物，类似于佛教中参禅的悟性，是一个逐步升华的过程，也是植物的生态与人的心态达成的一种动态平衡。

青岛崂山太清宫三皇殿西侧有一棵“三树一体”的千年古树，名曰“汉柏凌霄”。据历史记载，是西汉张廉夫在崂山初创太清宫三官庵时栽植。整棵树现高 20 多米，胸径 5.25 米，需要 3 ～ 5 个人才能环抱过来。树干纵横交错的纹络层层叠叠，刀刻一样，充满历史的沧桑感。不知何时，在树干离地 3 米高的缝隙处，一株凌霄悄然而生，如蛟龙蜿蜒缠绕，攀附柏树生长而又凌驾于其上，这也许是“汉柏凌霄”名称的由来。

20 世纪 60 年代，在汉柏离地 5 米高的缝隙处，又长出了一株盐肤木，斜向上生长，在半空与柏树干成 45 度角，形成了“三树一体”的奇观，创造了一个植物学奇迹。90 年代，在汉柏树干离地近 10 米高的分杈处，又长出一棵高约 30 厘米的刺楸，盐肤木死亡后，三树一体的自然奇观依然得以维持。现在，刺楸也已不见踪影，而令人意想不到的是，在柏树枝杈上又长出一株幼小的楸树。就这样，汉柏凌霄用强大的母体养育了一株又一株植物，让越来越多前去参观的人们得以感受“三树一体”带来的生命震撼。

有资料显示，这棵汉柏生长到现在，历经 2 000 多年的岁月沧桑，前前后后经历两次大火。第一次是天灾，曾遭雷劈，年代久远，只留下些痕迹令人感叹；第二次则是人祸，因为树上长了马蜂窝，有人要点火烧蜂窝，结果引燃了树干，使得古树几乎毁掉。在崂山太清宫工作人员的精心管护下，3 年后古柏竟然绿叶重生，再现生机。现在古树上依然留有当年被火烧过的痕迹，尽管有的地方树心已空，有的地方树干已裂，但古柏依然保持凌霄之势，向世人傲然展示着顽强不息的精神，传递着对生命的无限向往和生命力的无限强大，终成“不死神树”。

其他地方也有植物共生、和谐相处的例子，比如北京丁玲纪念馆小广场前的一棵古老的槐树。槐树伸出两个手臂一样的枝干，紧紧地搂抱着一棵大榆树，被称作京西第一连理树，起名为“槐抱榆”。江苏泰州市三里泽村的防洪堤上，有一棵银杏树的主干与意大利杨树主干融合地长在一起，树干“合抱共长”，除了融合处有块结疤，已没有你我之分了。山西省文水县北街村，有一棵百年槐树，树干内抱生长着一棵樗树，被列入文水县县级古树保护目录。植物的这种“和谐共长”有其偶然性，也有其必然性。偶然性为两棵树靠到一起，经风雨等外力作用，不能让它们分开；必然性是它们都是有生命的植物，有着很强的生命力，都靠韧皮部输送水分和养分，这是树木植物的相通之处。两棵不同的树种能够合抱共长，这是植物界演绎的和谐奇迹，其人文价值大于科学价值。

自然共生的植物因生而有异，复合了人的审美，避免了被砍伐的命运；人工嫁接的植物，在优势互补中获得新生，让生命的精彩延续。无论哪种共生之道，都是在不同中寻求互补与包容，在不同中走向和谐发展的大道上来，它们是生命共同体的智慧之源，是中国传统文化的经典之源。

（刘宏印　王振鹏）

第七章　生生不息

天净沙・根根叶叶花花

（新韵：一麻）

根根叶叶花花。

艳阳霜雪泥沙。

旱涝狂风踩踏。

由春及夏，

我心只在生发。

“天不言而四时行，地不语而百物生”（李白《上安州裴长史书》），中国文化传统崇尚自然生机主义，在一定意义上讲就是生命哲学，这与中华文明和中国哲学的“重生向善”传统有关。所以，生生不息是中国传统文化的基本理念。

传统文化的理念不是凭空而来的，先哲们通过观察生活中的事物并总结运用后才提炼出经验。其中，我们身边的植物就是生生不息最好的例证。“野火烧不尽，春风吹又生”，植物顽强的生命力让我们居住的家园生机勃勃，欣欣向荣。它们历经风雨，穿越时空，为地球上的其他生命提供了珍贵的营养元素，也让地球变得光彩夺目！ 2 000 岁的百岁兰、5 000 岁的长寿松、12 000 岁的澳洲冠青冈、80 000 岁的颤杨，这些时光轴的标注者们静观着地球上沧海桑田的变迁、宇宙中日月星辰的更迭。如果说，这些植物给我们展示了生命长度的无限，那么，生长在海拔 4 000 米的雪莲花、5 800 米的凤毛菊、6 100 多米的偃卧繁缕则是在不断地刷新着生命品质的极限。贫瘠、干旱、严寒、黑暗，所有种种的不利都没有把植物湮没；它们用坚韧和智慧书写着生命的顽强，枝枝叶叶中传递着生生不息的生命力。的确，植物的种子从成熟即离开父母，去独立面对未来。在成长的过程中它们学会和谐共存、在困难面前顽强坚守、在生命终结时将精华传承给后代。植物的生命历程，正是万物生存规律的写照，给幼者以启迪，给长者以慰藉。

一、仁者自强

“天行健，君子以自强不息。”孔子认为君子应当效仿日月寒暑永不停止的品质，而自强不息、奋斗不止。事实上，世界上有两种东西是至刚至阳的，一是时间；二是生命力。生命力的顽强常引起人们敬佩与感叹，植物也不例外，许多植物都是奇迹般的存在。

在南美洲热带雨林的树冠层，干酪藤的一枚果实坠落地面，不久之后，这颗果实就会腐烂并释放出上千粒种子。这些细微的干酪藤种子要想发育成一棵植株，就需要像它们的长辈一样，达到15米高的树冠层才能接受足够的阳光。小苗从种子中萌发了，幼嫩的干酪藤枝芽已经可以感受到光线的存在，但它不急于求成，不急于向上寻求短暂的光明。因为，它需要的是一片天空，所以，它利用父母所给予的能量向树荫处水平生长，在能量耗尽之前，努力找到可以攀爬的树干。没有任何帮助，干酪藤小苗只有靠自己摸索，直到找到可以攀爬的大树才开始向上生长并长出第一片绿叶。光合作用为干酪藤带来的叶子越来越多，几个月后，一株枝繁叶茂的干酪藤在这片雨林中诞生了。当初，这枚种子如果仅仅依靠父母给的能量，长不出能制造养分的绿叶，那么它最多只能长到两米高。

像干酪藤一样，世界上大约有20余万种的种子植物，既有草本也有木本，它们已成为地球表面的绿色主体。这些遍布大自然中的每一粒种子在萌发前都有不同寻常的经历。草本植物的种子在成熟时，母体就已经失去生命。木本植物的种子或随风飘落，或随水逐流。

一株蒲公英的花凋谢了，两周之后，在其顶部就会有上百粒的种子成熟，每一粒种子都有独立的“降落伞”，它们必须要乘风离开，不管路途多坎坷，不管命运多艰险，它们都要到数里之外，寻找一片属于自己的新天地。因为父母脚下的茂密，使它们根本无法生存。大树的种子，则因为在母亲的荫护下得不到充足的阳光，就需要飞得更远。沙漠中的一株仙人掌一年会生产4 000多粒种子，它们经过跋涉，能够存活下来的微乎其微，所以每粒能发芽生长的种子都是幸运的。玉米种子萌发时，有一个时期称为“离乳期”，就是幼苗把种子中贮存的养分用完的那个时期。这是玉米生长的第一个转折期，它必须要从异养生长转向自养生长。植物的每一粒种子，从出生就要独自经历和承受未知的命运，依靠父母给予的能量也仅仅能够长出胚根和子叶。要想长大，它们必须要靠自己长出绿色真叶，通过光合作用为自己提供源源不断的能量。因此，每一个植物生命体的成长都值得钦佩和尊重。

林清玄笔下有个桃花心木种植者，他不肯天天给树苗浇水，致使一些树苗枯萎死去。林清玄问及他时，他语重心长地说："如果我每天都来浇水，每天定时浇一定的量，树苗就会养成依赖的心，根就会浮在地表上，无法深入地下。一旦我停止浇水，树苗会枯萎得更多。幸而存活的树苗，遇到狂风暴雨，也会一吹就倒。树木自己要学会在土里找水源，我浇水只是模仿老天下雨，老天下雨是算不准的。它几天下一次？上午或下午？一次下多少？如果无法在这种不确定中汲水生长，树苗自然就枯萎了。但是，在不确定中找到水源、拼命扎根的树，长成百年的大树就不成问题了。"（林清玄《桃花心木》）作者由此感悟"不只是树，人也是一样，在不确定中生活的人，能比较经得起生活的考验，会锻炼出一颗独立自主的心。在不确定中，就能学会把很少的养分转化为巨大的能量，努力生长"。这就是宇宙万物生生不息的根本，因独立而能存在。

诗人舒婷在《致橡树》中感叹道："我必须是你近旁的一株木棉，作为树的形象和你站在一起。根，紧握在地下叶，相触在云里。"还说"我们分担寒潮、风雷、霹雳；我们共享雾霭、流岚、虹霓。仿佛永远分离，却又终身相依"。所以，"爱——不仅爱你伟岸的身躯，也爱你坚持的位置，足下的土地"。这让无数年轻人在爱的迷茫中找到方向感，在爱情的世界里，愿做一株独立的木棉，以独立的人格与橡树并肩，互相倾慕。在爱的漩涡里没有迷失自我，这样才能天长地久。头顶一片天，脚踏一方土，树有担当，树有独守，担当起风雨，独守住生命。

戴尔·卡耐基说："为了成功地生活，少年人必须学习自立，铲除埋伏各处的障碍，在家庭要教养他，使他具有为人所认可的独立人格。"植物种子从出生到成长，非常好地给我们诠释了"独立"的含义。一粒种子蕴藏着一个独立的生命，每一粒种子的萌发都会开启一个生命的历程。

二、宜者共存

地球是万千物种的家园，但是没有任何一个物种可以完全孤立地生存，植物亦是如此。地球上大约有40多万种植物，其族谱可以追溯到数十亿年前。每一种植物的产生都充满着机缘巧合的神奇，有幸的是大自然让各种植物的生物学特性代代相传、生生不息。每一种植物是从哪里来的，它经历了多少世代，可能无从考证。但是，不同生命历程的植物共同生长在同一时代，就创造出了生命的奇迹！

为了收获粮食，人类在1万年前开始培育水稻，现在世界上有半数以上的人口以水稻为食。1970年11月23日是一个值得纪念的日子，“杂交水稻之父”袁隆平在海南岛的普通野生稻群落中，发现了一雄花败育株，这一发现为我国培育水稻不育系和“三系”配套育种打开了突破口。这一株野生稻就像一粒火种，点燃了水稻育种的熊熊烈焰，水稻产量从此大幅度地提升，也改变了无数人的命运。这一株野生稻功不可没！地球上有多少类似这样的野生稻，可能没有人知道。它们的存在，为植物繁衍提供了大量的种质资源，让植物界蕴藏着无限的生机。

3.45亿年前石炭纪的银杏树、澳大利亚新威尔士州1.3万年的桉树、美国加州怀特山中5 000年的狐尾松，等等。这些早于人类入驻地球的植物，至今依然与我们一起生活在一个共同的家园，它们成为植物世界不可多得的孑遗物种。斗转星移间，大自然中的植物在悄无声息地变化着，新的物种不断产生，为植物界不停地注入新的活力。据报道，2017年深圳野生植物资源调查发现新记录品种12种，2017年12月，温州发现5个世界性植物新种，2017年重庆开展重点保护野生植物资源调查后发现了9个植物新种……植物的共生特性保持了地球上独特的生态系统，也是植物家族能生生不息的力量源泉。

植物在同一时期的共存有可能会创造生命的奇迹，而它们在同一空间里的共存则会创造奇迹般的生命。植物的生长需要食物和水分，它们的食物主要依赖阳光赐予的能量，依靠阳光，植物把最简单、最常见、最廉价的二氧化碳和水变成了自己的食物。因此，它们会尽一切努力接受光照。茂密森林的地表因缺乏光照而让幼苗难以生存，枝繁叶茂的大树只给地面留有稀疏的阳光，对于幼苗而言获得不到阳光就意味着死亡。但是，常春藤的幼苗并不沮丧，它会附在树干上向上攀爬，西番莲的幼苗也会在空间上寻找衔接点，依靠缠住其他植物来支撑自己。它们没有强直的枝干，却能把自己"举"到森林的树冠层，一生沐浴在阳光之中。这是植物的另一种智慧，为了能与高大的树木在林中一起生存，常春藤和西番莲的茎衍变成了藤，内有大量的导管能够把地下的水分和营养源源不断地输送到枝叶。藤本植物的产生可以说是森林底层植物所创造的奇迹。

槲寄生的生长更是离奇。鸟儿用尖尖的喙啄开槲寄生的果皮，挤出包含种子的果实享用。但是，这种采食槲寄生的鸟的消化速度相当快，半个小时内就会排出果实当中的种子。而种子的排出似乎并没那么容易，种子外面包裹着黏黏的东西会糊住鸟的屁股，鸟儿会不停地边甩边用脚踩掉这黏黏的丝状物。虽然鸟儿在树枝上跳来跳去，但种子不会被甩落到地面，而会被黏连到树枝上，而这正是槲寄生所希望的。一旦种子落到有活力的树枝上，槲寄生就把自己"种"了进去，有了宿主所提供的汁液，便很快长出叶子制造食物。就这样，一团团、一簇簇的槲寄生挂在树枝上，这个奇特的生命诞生了。从此，开花、结实，再次繁衍。

生长在砒砂岩中的沙棘，根系扎在岩石中，根上埋在黄沙里。沙棘能生存，依赖群体的智慧。一棵沙棘母株能利用串根萌蘖生长出很多子株，它们联合起

沙棘：胡颓子科、沙棘属。落叶性灌木，耐旱、抗风沙，耐盐碱。沙棘是地球上最古老的植物之一，是砒砂岩地区唯一能生长的植物；国内分布于华北、西北、西南等地。沙棘果实中维生素 C 含量高，素有“维生素 C 之王”的美称。

来形成一个整体。它们之间资源共享，形成一个强大的群落，共同缓解恶劣环境造成的压力，提高整体的繁殖和生存能力，保持群落的持久性。沙棘之间根相连、肩并肩，一起抗洪水、挡泥沙，即使大风将它们连根拔起，匍匐于地，沙棘根系仍能利用萌蘖再生。1 米长的根上可以萌发 70 多个芽，一年中沙棘的根系可向四面衍生出 10 条水平根，3 ～ 5 年便可形成一个新的团状群落。之后，沙棘通过林窗更新恢复种群的稳定性，或通过林缘扩散增大种群进行自我维持。这种并存生长，给了沙棘以顽强的生命力和抵御风险灾害的能力，使它们能够巍然屹立在风口砂岩中。

三、矢志不移

“子曰：‘知者不惑，仁者不忧，勇者不惧。’”孔子认为作为仁者应该不怨天不尤人，安贫乐道，坚守初心。所以，仁者内心坦然，没有忧愁。而植物本身就是心向光明、安贫乐道的榜样，植物的生命现象也感召着人们更加坚强。

作家欧·亨利给我们讲述了一个故事：琼西得了重病，医生告诉她将不久于人世。当时正值深秋，院子里的常青藤开始落叶。琼西确信，当最后一片叶子落下时，自己就该去了。可奇怪的是，那一片叶子竟怎么也不肯落下，琼西因此受到莫大的鼓舞，她坚定了活下去的信念。最终在医生的帮助下，琼西战胜了病魔，重获新生。我们由衷地感谢故事中给琼西带来希望的那片常青藤的叶子。在现实中，生长在沙漠、严寒中的植物也同样带给我们一种力量，它们守着一片贫瘠，挡住一世风雨，撑起一道风景。正如泰戈尔在诗集《爱者之赠与歧路》中说：“你今天受的苦，吃的亏，担的责，扛的罪，忍的痛，到最后都会变成光，照亮你的路。”“守得云开见月明”，卓越的生命是困难里的坚守，是逆境中的抗争，是绝望时的忍耐。

生长在美国西部海拔 3 000 米之上的狐尾松，堪称顽强生存的典范。它的生存条件接近生命的极限，连续冰冻和刺骨的寒风，使生存变得极其艰难。狐尾松在一年中只能勉强生长 6 周，为了保存能量，它的针叶保持 30 年不落。由于长势缓慢，狐尾松不会太高，这使得狐尾松在枯死以后仍能够保持直立。有的狐尾松根部的主体都已全部坏死，与之相连的树干及树枝也被风干，但即使这样，从枯木上也常常会冒出一两枝新枝继续生长，令人不禁感叹其顽强的生命力。4 000 多年的严寒没有摧毁它，狐尾松坚守住漫漫岁月，给自己一个形象，给人类一份仰慕。

与狐尾松相似，生长在南非的登台百合则是沙漠中的坚守者。它的种子在地下沉寂了将近一年，一场雨后，登台百合等待的时刻终于来临，它会迅速绽放美丽的花朵。不久之后，天气变得酷热难耐，登台百合的花开始凋谢、枯萎，种子随着干枯的身体被强风吹起，再去撒播下一个轮回。漫长的坚守等待只为短暂的绽放和繁衍，这就是登台百合的生命历程。

被称为“东方美人”的绿绒蒿，几乎生长在石缝里，缺乏氧气，没有土壤。绿绒蒿就在这样艰苦的环境中迎风笑日，顽强生长。茂密森林底层的树苗为了能有一份自己的天空，需要默默等待，等待身边有大树倒下，这样的等待可能需要十几年或几十年，但是只有坚持才会有未来。大自然造就生命，又让生命历尽艰辛，狐尾松扛过寒冷，把生命延长至极限，登台百合熬过干旱，迎来新生命的诞生，小树苗耐过阴暗，争取了一片属于自己的空间。它们也许在暴雨中被洗礼过，也许在飓风中被蹂躏过，也许在灾难中挣扎过，但它们执着地坚守着，留住了自己的根，留住了自己的种，留住了它们在地球上的命脉！它们这种迎难而上的顽强斗志和勇于挑战的坚毅品格让人钦佩！

四、见仁见义

一个物种的昌盛还是消亡,其主要标志就是种质资源(基因库)的丰富程度。种质资源越是丰富的物种，其种群越昌盛；反之，则会逐渐消亡。而丰富的种质资源库就来源于个体间的杂交，特别是远缘杂交。植物不能选择环境，只能依靠自己的顽强，同样，它们的繁殖方式也在生存中变得多种多样。只有植物的生生不息，才能保证地球上其他物种的生生不息，保持着地球的生态平衡。

地球上 80% 的植物是开花植物，植物开花的目的是为了繁衍后代，使它们的“基因之河”代代流传。在高等植物中异花授粉植物占很大的比例，异花授粉就是将来源不同、遗传性质不同的两个细胞结合而产生异质结合子来繁衍后代的方式。这种方式让植物既保持了遗传物质的稳定性，也使植物因杂交优势的产生而得以进化。原产于墨西哥的玉米，在 500 多年前被哥伦布带到西班牙，从此在世界各地开始传播。玉米本是雌雄同株，可它恰恰是异化授粉植物。玉米生长时，避免自花授粉，一株玉米的雄穗和雌穗不在同一时间开花，雄穗先于雌穗生长，雄穗抽出后 2 ~ 3 天，玉米就进入开花期，全穗的花期可持续 7 ~ 11 天。雌穗则比雄穗晚 3 ~ 5 天才开花，为了能更好地授粉，玉米把雄穗高高地举到头顶，而把雌穗长在腰间。雄穗开花时，风吹过，花粉借助重力就可飘落到雌穗的花丝上，花丝接受到花粉 2 ~ 3 个小时既完成受精过程，花丝开始萎缩。而得不到花粉的花丝却能够一直向高处生长，以便获得更多的机会接触到花粉，直到完成受精后，花丝才停止生长。如此的巧妙设计和精心安排，成就了这一物种的生长优势和广袤繁衍。如今，玉米在全球三大谷物中，总产量和平均单产均居于首位。

植物的智慧在开花授粉中更是体现得淋漓尽致。花朵的五颜六色、香气四溢是为了吸引授粉者，甘甜香醇的蜜露是给授粉者的回报。向日葵与动物建立了密切的关系以确保它们的繁衍，蜜蜂采蜜时无意间就会将采集到的花粉传给另一朵花。富红蝎尾蕉为了能让蜂鸟授粉，它只生产一定量的花蜜，迫使蜂鸟反复采集，从而把花粉从一朵花传递给另一朵花，此时的蜂鸟彻底变成了富红蝎尾蕉的俘虏。睡莲花将前来采蜜的蜜蜂紧紧关闭24小时，让它全身沾满花粉，再把它放出来。生长在亚利桑那州的仙人掌只在凉爽的夜晚开花，因为，它们把花粉传播者锁定为夜间活动的蝙蝠。虽然它们的花期只有一个夜晚，却能吸引大量的食蜜蝙蝠前来拜访，往来于其中的蝙蝠帮助它们完成授粉过程。大多数果树是通过异化授粉而结果的，开花时节，蜜蜂、蝴蝶都会成为热心的传粉者，而一些果树如无花果、葡萄、桃树、梨树、杏树、李子、杏梅、苹果（多数品种）、枣树、柿子、山楂、核桃等也可以自花授粉。

植物巧妙地利用动物或其他外力来传播花粉的例子不胜枚举，而植物的繁衍不会以授粉而告终，它们还会孕育和传播种子。成年植物为了不面临后代的挑战，还会把种子传播到很远，这就使得植物在地球上不断地绵延生长。

入秋时分，生长在地球北部的植物开始做准备了，“立秋十八天，寸草结籽”。立秋之后，草本植物把储存在叶子和茎秆中的养分转移给穗部的种子，叶子开始泛黄，秸秆也开始枯萎。它将毕生的精华凝结于沉甸甸的穗部，种子继承了它的能量和遗传物质，使它的生命得以延续。仙人掌在一生中大约孕育4 000万粒种子，一朵蒲公英花落后会产生100多粒种子，春天的一粒谷种到秋天可生产300多粒谷子。每一粒种子都蕴藏着本物种的全部遗传密码，守候着新生命的开始。

秋季不仅是草本植物结实收获的季节，阔叶树也会在秋季为孕育下一代做好充分准备。凉风吹起时，叶子上的营养转回到树干，叶绿素消失了，营养匮乏的树叶呈现出多种颜色。很多人只知道欣赏秋叶的美丽，却不知这是叶子对母体的告慰。最后，落叶归根，融入泥土肥沃根系。

桃、李、梨、杏、苹果、柿等多种果树的花芽分化都是在夏秋季节完成，蒲公英：菊科、蒲公英属。多年生草本植物。广泛生于中、低海拔地区的山坡、草地、路边、田野、河滩。蒲公英植物体中含有蒲公英醇、蒲公英素、胆碱、有机酸、菊糖等多种健康营养成分。

花芽分化是指植物茎生长点由分生出叶片、腋芽转变为分化出花序或花朵的过程。果树贮藏的养分促进花芽分化，这也就意味着树木的生长转向了生殖生长。花芽分化，是果树的神奇创造，在繁殖使命的驱动下，由一片叶子或者一个枝条可以衍化出花蕾。牡丹、丁香、梅花、榆叶梅等，一年进行一次花芽分化，于6～9月高温季节进行，至秋末花器的主要部分已完成，第二年春天开花。一些植物一年可进行多次花芽分化，如四季桂、四季石榴等，这些植物便可以一年四季开花不绝。很多果树的花芽分化后，性细胞的形成要经过一定时间的低温春化作用，这样才能形成性细胞。

五、生生不息

春华秋实，人类和动物在享受树木孕育的果实后，又会帮它们把种子带到世界各地。在繁衍后代过程中，植物是天生的播种能手，苍耳把种子黏附在动物的身上，随着动物的活动把种子带到四面八方；樱桃、山楂等植物把种子包在浆果里，鸟儿采食浆果后，种子不会被消化，它们就随着鸟儿飞得更远；滑桃的种子跟随犀牛的粪便一起排出，种子在肥沃的犀牛粪中萌发，享受着得天独厚的营养基质；蒲公英、星藤萝、枫树等借助风力传播种子，它们会给种子带上“降落伞”“螺旋桨”“滑翔机”等飞行装备；鸭腱藤会让它的种子漂洋过海，在大洋彼岸开疆扩土……这些种子或散落于岩石沙漠，或埋没于池塘沟壑，它们各自带着父母的遗传基因开始下一个轮回的生长繁殖，生命的旅程又将随着新一代的降生而开始。

无性繁殖的植物传承能力更是奇强无比，这类植物的根、茎、叶等营养器官都可能具有创造新生命的能力。如果你一不小心将一片落地生根（倒吊莲）的叶子打落在地，不用担心，在这片脱落的叶子边缘很快就能克隆出很多小生命体，还可长出气生根。在这片叶子枯萎前数个小生命体就诞生了，真可谓“一片叶子创造一个森林”。甘薯、牡丹、葛根、何首乌等利用它们的块根繁殖后代，马铃薯、山药、菊芋等利用它们的块茎进行繁殖，草莓、红薯的匍匐茎上可以长出不定根，一旦扎入土壤一棵新的植株就诞生了……“无心插柳柳成荫”，枝条、根系在不经意间就繁衍了后代，并且会一成不变地保留好母体的基因代代相传。

无论植物的生存条件多么不同寻常，它们都会最大限度地运用智慧，保证自己度过一场场生与死的考验，并把这种智慧印刻到遗传密码中，传递给自己的下一代。就这样，植物克服了各种恶劣环境中的困难，不断地繁衍进化，并滋养了地球上大多数的生命。生命从哪里来？地球上又是怎样形成这纷繁复杂的多生态系统的？谁是地球的主宰？植物、动物还是我们人类？是谁改变了和改变着这个世界？植物，它们没有动物的腿脚，却能让动物为它奔跑；植物没有鸟儿的翅膀，却能唤鸟儿带它飞翔；植物没有人类的思维，却不能说植物没有人类的智慧，当人类把一万年前的水稻和小麦播种到世界各地时，那或许是植物在利用人类完成了它们在生态进化中的超越。植物是地球上一切活力的基础，它们穿越历史沧桑独立前行，全力以赴迎接生命中的各种挑战；它们坚守着信念，传承着辉煌，它们变得越来越坚强，给地球播种生机和希望，漫天遍野、荒漠山冈……

“流水落花春去也”（李煜《浪淘沙令·帘外雨潺潺》），“萧瑟秋风今又是”（毛泽东《浪淘沙·北戴河》），大自然在周而复始着。“芳林新叶催旧叶，流水前波让后波”（刘禹锡《乐天见示伤微之、敦诗、晦叔三君子，皆有深分，因成是诗以寄》），“沉舟侧畔千帆过，病树前头万木春”（刘禹锡《酬乐天扬州初逢席上见赠》），大自然在更新演化着。这一切的一切，看似散漫实则有序；这一切的一切，你关注也好，不关注也罢，它们都是那么自然而然地发生着，永不停止。生生不息的是植物，是大自然，是我们人类，生生不息的还有流于其上的信仰和赋予其中的文化，伴随植物的生长历程让我们体悟宇宙自然的蓬勃生机和创进不息。“苟日新，日日新，又日新”（《礼记·大学》），唯有契会颖悟，不断发展创新，才能无悔于当今、无愧于历史！

（刘国芹）

第八章　尽物之性

添字采桑子·窗前花草迎风舞

（新韵：十三支）

窗前花草迎风舞，
摇乱心思。
摇乱心思。
慢理轻排、重整叶中枝。

枝枝蔓蔓情无限，
万物成诗。
万物成诗。
乔灌禾藤、处处有殊姿。

“性”“命”是中国传统文化中的关键词语。“性”是指天性、心性、本性；“命”，循“性”而生之天命，命运也。对人而言，“性”是根本，是内在特质，是影响命运起伏的关键因素。“命”为“性”之外在表现，是建立在个“性”基础上的生命运动趋势与生命轨迹。儒家提倡安身立命、修己（心性）以敬，推崇对人性的尊重与管控，以实现人生通达的命运理想。所以，儒学被称作“性命之学”。道家主张“长生久视，性命双修”，认为人性的修养和生命的品质同行同进，同功同德。而佛教分为性、相二宗，“性”即是诸法永恒不变之本性，“相”乃是诸法外显之表象。如此看来，佛家性相也有性命的意味。在字面意义上，《说文》中有“性，人之阳气性善者也。从心生声”。“从心”表示与人的心情、心理和情绪等内心活动有关；“生”的篆文又恰似草木破土而出、生长发芽的形状，喻示着万物的生生不息。“心”“生”结合在一起即是“性”，万物生来就有的本心即为“性”。

人有性命之学，木有性命之成。《刘文成公文集》认为“物性之苦者亦乐生焉”，《梦溪笔谈》讲“物性之不同”。这里的“性”指的是草木作物的固有习性、特性。从古人的叙述来总结，可以这样说，“性”就是与生俱来的、不加修饰的固有特质。用现代科学术语来解释，对于物来说，“性”就是物质的物理结构、化学性质和生命特征等固有性质以及由这些性质表现出的性能。

一、格物致知

《中庸》中讲“唯天下至诚，为能尽其性；能尽其性，则能尽人之性；能尽人之性，则能尽物之性”。从哲学角度来讲，尽物之性，物方能尽其之用、得其之终。尽物之性首先就要尽人之性。如何才能做到尽人之性呢？

世上万事多是知易行难，“尽人之性”也是如此。理学大师朱熹提出的“正心、诚意、格物、致知、修身、齐家、治国、平天下”八条目，实际上也是通向“尽人之性”以及“尽物之性”境界的八个步骤。致知在格物，“格物”乃是对事物进行研究、剖析。对事物进行从头到脚、从内到外、由表及里、由此及彼的观察与思索，按照“毫米、微米、纳米”乃至更精细的标准把研究对象分解成一格一格的微小信息素，再把它们联结在一起，从而可以对研究对象有一个全面的、科学的认知，也就是能达到“识物之性”了。从“识物之性”的格物致知到个人内修的诚意正心，是为内修的一个轮回，也不知多少轮回里，有人能修有所成，德正气清，后能“明明德于天下”，从独修其身逐步达成“齐家、治国、平天下”的理想，实现“尽人之性”与“尽物之性”的和谐大同。

《易经》有句：“穷理、尽性，以至于命。”其大意是深究天下万物存在的根本原理，彻底了解世间万物的心体本性，以达到掌握万物发展变化之规律，从而使人与自然能够和谐发展、生生不息。这道理跟朱熹提出的“格物致知”是一脉相承的，“格物”方能“尽性”，“致知”即是“穷理”，以性、理行事就是以命行事，就是按规律办事，和马克思主义所说的“一切从实际出发”也有着异曲同工之妙。

综上所述，“尽人之性”和“尽物之性”是我们人类认识世界、适应世界并与之和谐共处的必然要求，而“能尽物之性，则可以赞天地之化育；可以赞天地之化育，则可以与天地参矣”。即人类能做到“尽物之性”，就能够促进天地间万物之和谐共进与繁化生息，此功可与天地化生万物相媲美，何其伟哉！然大千世界，芸芸众生，想全部穷尽其性，谈何容易？更何况斗转星移，世事变迁，也无穷尽之时。但可喜的是，从人类在这个世界上第一天起，“格物致知”“穷理尽性”的自主活动就没有停止过。

本篇也不可能包罗万象，只能从植物的角度探讨一下人与植物的相处之道，谈一谈对于和我们休戚相关、朝夕与共的植物，我们该如何力争做到“尽物之性”。

植物的历史要远比人类的历史漫长得多。关于人类的起源，有一种说法是：人类从一种3亿多年前漫游在海洋中的史前鲨鱼进化而来，这种原始鱼类是地球上包括人类在内的所有有颌类脊椎动物的共同祖先。就算是真的，这历史跟植物相比也相形见绌。大约在30多亿年前，茫茫宇宙中漂浮了一个细胞，因机缘巧合来到了地球，自此生根，繁衍生息，从海洋到陆地，从苔藓到乔木，逐步变异进化成为今天郁郁葱葱、姹紫嫣红、生机勃勃的植物王国。这个庞大的王国给远古的祖先和今天的我们提供了衣食住行等基本生活资料，是我们人类最赖以生存的伙伴！它们来地球那么久，也许比我们更了解这个蓝色的星球！它们绝对值得我们去尊敬、去热爱！

二、尽物之性

爱它就要认识它，爱它就要了解它，爱它就要成就它。成就植物的美好就是世间大美，成就植物的美好就要“尽物之性”；“尽物之性”就要做到尊其性、素其位、正其德、化其魂和尽其用。

（一）尊其性

尽物之性就要尊其性。据估计，地球上现存植物有绿藻、有苔藓、有蕨类还有种子植物，总物种大约有40多万种。它们和其他物种一样，也有着这样和那样的相同与不同，各有其性。有的高大，有的矮小；有的喜光，有的喜阴；有的刚直，有的柔嫩；有的喜热，有的喜凉；有的爱水，有的耐旱；如此这般，皆为植物之个性。人同植物打交道，若尊其性，循性而为，则相亲相近，两相安好；若是逆其性而为，则必得不偿失，终得困顿而不得脱。

每到水边，看到水底的金鱼藻随水摇曳，心神也为之一荡；再抬头望到不远处一朵朵青莲清而不妖、不蔓不枝、香远益清，则心底顿生清凉。自然中、公园里的水体总离不开金鱼藻和莲花的身影，水生植物与水的相依成就了人世间的美好。

（二）素其位

尽物之性就要素其位。植物之所以为植，就是固着生活而不自主移动，不动就是素其位。

种子落在哪里便生在哪里，生在哪里就长到哪里，如此随遇而安的个性岂不谦谦君子乎？“君子素其位而行，不愿乎其外；素富贵，行乎富贵；素贫贱，行乎贫贱”（《中庸》）。譬如一棵榆树，生在恭王府花园的聚宝池旁，它就是身份高贵的摇钱树，但本色依然，不卑不亢，毫不搔首弄姿，是为“素富贵，行乎富贵”；榆树生在贫寒百姓之家，则是春可采食、夏可蔽荫，任是风吹雨打，它仍不改其性，无怨无悔，自在生长，是为“素贫贱，行乎贫贱”。植物不贪图最优越的环境，环境的差异自有植物利用器官的变异去适应。

（三）正其德

尽物之性就要正其德。正德即是端正德行的意思，出自《尚书·大禹谟》：“正德、利用、厚生，惟和”，唐代的孔颖达又进一步释义为：“正德者，自正其德，居上位者正己以治民，故所以率下人。”管子曰：“形不正，德不来……正形摄德，天地仁义。”这一切都在强调为政者一定要不断修正自己的错误与不足，使己身德行端正，方能统领天下百姓。可见，这里的“正”就是“端正”“修正”的一种表达。世事有常也无常，一切都在快速发展变化之中，各类植物在纯粹大自然的作用下，未必都能各得其愿，有时还需通过外力，尤其是人力的一些扶持与修正，才会焕发出生命的精彩。比如牡丹，因国色天香、富丽堂皇而引来宠爱无数。了解了牡丹的习性，就可以控制它的花期，让人们即使在隆冬时节也能看到花开富贵。再比如苹果，为其他生灵奉献的就是甜美的果实，我们都期盼它能早结果、多结果、结好果。通过掌握苹果树的生物学特性，通过肥水管理、整形修剪、生长调节等技术手段就可以把苹果树的能力发挥到极致，枝枝硕果累累。

（四）化其魂

尽物之性就要化其魂。化其魂就是通过影响化育使其达到前所未有的境界，赋予其新的内涵。《道德经》中的“三生万物”就阐明了大千世界、万物生灵的渊源——天、地、人三者相互作用，相互影响，就衍生化育出了缤纷多彩的现实世界。三者合力，人居其一，尤其是人，给植物界深深打下自己的烙印，赋予了它们更多新的特质，也赋予了它们更多的灵性。植物更是在与人的交换与互动中得到进一步升华。在人的作用下，植物演化成食物、衣服、家具、工具，甚至看起来一无用处的残根败干、边边角角，在人的干预下竟然重获新生，演化成为美轮美奂、陶冶性情的艺术品。小叶紫檀之所以被称为“帝王之木”，就是因为其身重色凝、蜡如琉璃、不虫不腐、愈久弥香的本性。大有大用，小有小用，即便是它的细枝末节也可车成念珠手串，腕口指尖摩挲把玩，人与植物相亲相爱，默然欢喜。此可谓尽物之性也！

（五）尽其用

尽物之性就要尽其用。尽其用是说对植物界及个体要节约应用，既不过度也不浪费。勤俭节约的优良传统在中国源远流长，孔颖达在《五经正义》中说，“‘利用’者，谓在上节俭，不为靡费，以利而用，使财物殷阜，利民之用，为民兴利除害，使民不匮逐乏，故所以阜财”。“利用”即是节俭不浪费的意思，为政者要带头勤俭节约，科学合理使用自然资源，积累物质财富，以保黎民安康无虞，实现良性循环，确保可持续发展，达到物质财富极大丰富。我们对地球上的植物资源一定要注意节约利用、科学开发，否则，就要受到大自然的惩罚。此类负面的例子比比皆是：森林滥伐导致水土流失，山洪、泥石流等自然灾害频发；草原载畜量严重超负荷导致荒漠化日益严重，扬沙、沙尘暴等恶劣天气屡见不鲜。习近平总书记做出“绿水青山就是金山银山”的科学论断，也正是向大家发出节约资源和保护环境的号召。

以上文字让我们对“尽物之性”有了一个基本的认识，但仍稍显笼统与抽象。所谓先“格物致知”，而后能“穷理尽性”。下面我们选择了藤本的葡萄、草本的小麦和木本的榆树三个典型植物逐层剖析，逐级递进，格其物，致其知，穷其理。从了解并尊重植物之本性入手，逐步达成人与植物之间的良性交流与互动，展示植物生命智慧，以至“尽物之性”。

三、植例物语

（一）葡萄

葡萄属于藤本植物。藤本植物是指茎部细长柔软而不能直立，一生只能依附在它物之上或匍匐于地进行生长的植物。葡萄是地球上最古老的植物之一，在第三纪的地层中就发现了葡萄植物化石的存在，充分证明葡萄那时就已在地球上茁壮成长。人类栽培葡萄、酿造葡萄酒的历史也十分悠久，而中国是世界上葡萄较早栽培地之一，早在先秦时期葡萄种植和酿酒就已在西域地区开始传播。可以这样说，葡萄是人类的老朋友了！

1．循性而为

任何一种植物的生长都需要合适的温度、湿度与光照，这是植物的一般特性，葡萄自然也不例外。葡萄生长时所需最低气温

葡萄：葡萄科、葡萄属。葡萄是地球上最古老的果树树种之一，葡萄的植物化石发现于第三纪地层中，说明当时已遍布于欧、亚大陆及格陵兰。葡萄原产亚洲西部，世界各地均有栽培，世界各地的葡萄约 95% 集中分布在北半球。

约 12℃～ 15℃，果实膨大期最佳温度为 20℃～ 30℃。葡萄对湿度要求较高，严格控制土壤中的水分是种好葡萄的必要条件。它生长初期需水较多，结果期需水较少。对葡萄来说，光照太强则易生病，光照不足则着色不好、糖度下降。上述特性，种植者必须尊重，遵循生长规律进行科学管理：露天种植一定要考察当地的气温、光照条件是否适合葡萄生长；生长初期一定要跟上水肥，确保后期生长的营养，生长后期要控制用水，以免伤根生害。如此循性而为，方能得其所终。

2. 安之若素

葡萄的种植范围是极其广泛的，除南极洲之外，其他六大洲都有葡萄栽植。受气候土壤等条件影响，种植带主要集中在北纬 30°～ 52°和南纬 15°～ 42°之间，平原、山地、丘陵地貌都能见到葡萄的身姿。无论生长在哪里，它都自然地沐雨栉风、安之若素。

专心做好自己的事，其他的上天自会有安排。的确，葡萄艳美多汁、酸甜适度的特性，使人和动物为它广泛传播。生在法国波尔多地区的沙砾上，或能华丽转身，身价百倍；生在普通百姓家，则能房前檐下遮起一片阴凉，盛夏时节，酸甜的果实着实饱了亲朋睦邻的口福。如此“素其位”的智慧应该能给时常处于迷惘之中的人们带来更多的启迪。

3. 匡邪扶正

种了葡萄若是不加管理任其疯长，一定是漫山遍野绿了眼睛、荒了地方，终不得其果。正其德就是对葡萄要科学栽植，修枝整形。为储存营养、促进花芽分化、合理布局，就要进行必要的冬季修剪，疏去病弱枝蔓，截掉过长枝条，上下有序，左右错落，裁剪出来年春天的葡萄园美景。夏天的修剪主要是为了祛病去冗、通风透光，经过除梢定梢、摘心绑蔓、花序整形等一系列“拨乱反正”，确保葡萄植株健康成长，不偏不邪，最终“修得正果”。

4. 夜光杯魂

随着与人类的持续交互，美味的葡萄得到了新的灵魂，也因此变得更加迷人。若没有其他外力的干预，我们也只能在盛夏时节品尝到味道鲜美的葡萄鲜果，如通过人的不断化育，葡萄就会展现更多的精彩。利用大自然提供的阳光反复晾晒以及季风的不断吹拂，我们就可以得到便于储存和运输的营养丰富、柔软清甜的葡萄干；经过精选、清洗、压榨、杀菌、酶处理等一套严格的工序，我们就可以得到酸甜可口、有益健康的葡萄汁，且可较长时间保存。

最迷人的转化发生在法国西南部。那里有座美丽的葡萄酒之城，它就是享誉全球的波尔多。那里的酿酒师们把当地葡萄榨出的汁液进一步发酵，发酵完成后，慢慢沉淀，抽取沉渣，缓慢而耐心，一丁点儿都着急不得。最终，会收获清澈动人、色彩绚丽的迷人液体。接下来是选出品质最好的，同时按不同品种以完美的比例相融合，这样不但可以提升整体的品质，还保留下不同品种葡萄的风味，而且创造出更为独特美妙的口味。把混合之后的液体装进橡木桶中尘封起来，经过几年、几十年乃至上百年，那液体在橡木桶中静静思索、慢慢成长。当软木塞打开之时，妙不可言的香味马上喷涌而出，弥漫了整个法国，弥漫了整个世界。这就是传说中的波尔多葡萄酒！此时的葡萄酒依然具有生命力，它们透过软木塞还可以缓缓地呼吸，继续发生着奇妙的变化，渐渐达到完全成熟。正是有了人和天地的共同化育，普普通通的葡萄成就了不朽的传奇！

5. 零落成泥

世界各地的葡萄大多都用来酿造葡萄酒，酿酒留下的残渣可用作肥料，但是其酸性容易对土地和农作物造成伤害。而最新研究表明，葡萄皮、葡萄籽和葡萄茎均含有丰富的酚类物质，可提炼出绿色、安全的食品防腐剂。在引领世界服装时尚的意大利，酿造葡萄酒的残渣甚至被加工成了新型皮革。葡萄籽含油 14% ～ 17%，其中饱和脂肪酸含量为 12% ～ 16%，不饱和脂肪酸含量为

84% ~ 88%，从葡萄籽中提取的葡萄籽油已作为一种高级健康营养品走上百姓的餐桌。葡萄皮中富含白藜芦醇，它具有降血脂、抗血栓、预防动脉硬化、增强免疫能力等神奇功效，极具开发利用价值。此外，从葡萄皮中还可萃取出原花青素、葡萄皮红色素，在食品、药品领域都有着很高的利用价值。

至此，可说葡萄是尽其大用了。

（二）小麦

小麦属于草本植物。所谓草本植物，是指茎内的木质部不发达，含木质化细胞少，支持力比较弱的植物。草本植物体形一般很矮小，寿命也比较短，茎干软弱，多数在生长季节结束时地上部分或整株植物体死亡。几乎所有重要的粮食作物都属于草本植物，比如小麦、玉米、高粱、稻谷，等等。

小麦是新石器时代生活在两河流域的中亚人对野生小麦进行驯化的产物，栽培历史已有 1 万年以上。公元前 2000 年传入中国，从黄河到长江，落根滋长，与炎黄子孙在神州大地上相化相生。目前，世界各地广泛种植小麦，其种子是人类的主要食物之一。小麦分为冬小麦和春小麦，结合本地特点，这里所说的小麦特指在华北平原上普遍栽培的冬小麦。

1. 四时两年

小麦本性既耐寒，又耐旱，适应性很强，毫无娇柔之气，是世界上种植面积最大、分布范围最广的粮食作物之一，主要分布在温带大陆气候区和中国的半湿润、半干旱地区。小麦虽然不娇气，但只有种植在蓄水保肥的深厚土层才能获得高产。小麦是穿越四季的精灵，它秋种、冬藏、春发、夏收，经寒暑变幻、阴阳平衡，萃天地之精华，纳四时之灵气，跨两年之寒暑，注定不是寻常之物。在整个中国北方地区老百姓的餐桌上，它的地位首屈一指。人对它自然不敢怠慢，尊其性细心呵护，依时而作。“寒露籽，霜降麦”，寒露时节种油菜，霜降之后忙种麦。秋收时节，霜降来临，农民满怀秋获的喜悦，满怀来年的希冀，施肥、耕地、平整、播种、压实保墒，一丝都不敢马虎；冬天来临，人们猫冬藏了起来，麦苗也是如此，

小麦：禾本科、小麦属。采收果穗，晾晒，取成熟果实（小麦）晒干备用。小麦是三大谷物之一，是一种在世界各地广泛种植的单子叶植物，颖果是人类的主食之一，磨成面粉后可制作面包、馒头、饼干、面条等食物；发酵后可制酒。

瑞雪成为人和麦苗的共同企盼，“冬天雪盖三层被，来年枕着馒头睡”——预示着来年的好收成；大地回春，麦苗返青，补水补肥，不敢耽误；拔节灌浆，夏日汤汤，小满芒种，大功告成。

2. 择善而居

受小麦生长习性的影响，世界小麦主产区大多分布在北半球，如北美洲的密西西比河流域、欧洲的地中海沿岸、中亚的两河平原和中国的黄淮冬麦区。美国的小麦大多适合做面包和烘焙，意大利的小麦最适合做闻名遐迩的意大利面，两河平原的小麦被当地人酿成了鲜美的啤酒，黄淮冬麦区的各类小麦则成就了丰富多彩的面食文化。各类小麦各居其所，各素其位，各得其终。小麦的地域选择自然有其充分理由，比如黄淮冬麦区，全区整体地势低平，除陇东、关中和山西西南部以及部分丘陵区外，海拔均不及 100 米；土壤以石灰性冲积土为主，部分为黄壤与棕壤，土壤肥沃；全区气候温和，最冷月平均气温 −3.4 ℃～ 0.2 ℃，具备良好的小麦越冬条件，冬季麦苗通常可保持绿色；雨量比较适宜，年降水量 580 ～ 860 毫米，小麦生育期降水量 152 ～ 287 毫米，多雨年份基本可满足小麦生育需要；全区水资源比较丰富，可以发展灌溉。此外，精灵智慧的小麦还应该对人也有着自己的选择，勤劳、质朴、重感情的北方汉子自然而然会得到小麦的青睐；是故，“北麦皮薄面多，南麦反此”（李时珍《本草纲目》）。人对植物的关怀呵护，植物对人的报答滋养，何其的和谐圆满！

3. 精耕细作

小麦的祖先远不像今天这样丰腴和受人青睐，正是人类祖先对野生小麦的不断“正德”，才有了小麦的不凡今生。在漫长的岁月洗礼下，野生小麦自我努力蜕变，让自己的种子引起了生活在“新月沃地”西亚人的注意，自此结缘，缘定万世。地球气候变化无常，约 12 000 多年前，西亚一带气候变得十分干冷，野生资源锐减，无法满足人的需求，饥寒交迫的西亚先民开始主动生产粮食以自救，种子饱满的小麦成了首选。年复一年，经过天地日月与人的共同化育，才有了今天不同品种的小麦。在秋种、冬藏、春发、夏收的轮回里，每个阶段更离不开人的管理和修正，整地拌种、抗旱防风、防涝防病，经过人的精心照料，才能有夏天的丰收，在季节轮回里实现良性循环。

4. 精魂化生

让小麦获得新的生命力以及精彩生命历程的依然是与它相亲相敬的人。倘若没有人类的存在，小麦还会不会那么努力地让自己出落得楚楚动人？倘若没有人类的存在，小麦还会不会在暮春时节迎风招摇？没有答案。可以想象，小麦与人一定是相识在浪漫的春天，也许是灌浆时分，那是甜蜜的味道，自此牵手，永不分离。小麦对人滋养哺育，人对小麦塑造梳妆。在聪明智慧的中国人手中，小麦种子被碾成粉、团成团、摊成饼、拽成条，或发酵膨胀，火烤成馕、气蒸为馍、鏊烙得饼。每一类又可千姿百态，花样繁多，或荤或素，或精或粗，上可进皇宫御膳堂，下可到百姓柴草房，长城内外，大河上下，处处都有小麦时尚秀。

除了种子之外，小麦的秸秆也在人的手中发生着美妙的变化。在广袤的冀南大地上，普普通通的农家人就可把小麦秸秆加工成各式生活用品，如草蒌子、草垫子、草墩子、草栅子、草筐子、草囤子等，与人肌肤相亲，耳鬓厮磨，寻常秸秆平添了许多温暖的生活气息。更有心灵手巧者，把秸秆顶端的葶子专门掐下来，用清水泡软，掐成草辫子。草辫子就可以卖掉换钱了！在河北省东南隅的大名县，尤其是20世纪90年代之前，几乎每位农村女性都掌握着掐草辫的高超技能，靠它来补贴家用。农闲时节，夏天的树荫下，冬天的炕头上，三五成群，你簇我拥，一时间，叽叽喳喳，嘻嘻哈哈，葶枪飞舞，炫人双目，好不热闹！俨然一幅美丽乡村和谐画卷！草辫子的用途就升级了：草编厂的工人们可以把它加工成遮雨蔽日的草帽、盛衣纳物的提篮和置瓶放盏的桌垫，环保实用两相宜。技艺高超的工艺师们更是不断推陈出新，作品件件不同凡响。国家级工艺美术师高群英女士设计的草辫服装更是在巴黎等时尚之都的T型台上惊艳全场；她创作的麦秸画——京剧脸谱系列也频繁在国内外美术展上大放光彩，甚至被当作国礼送到了外国友人手中。小麦种子粒粒相似，小麦秸秆根根类同。但是，在不同的地方，经不同的人，过不同的手，它们就被注入了新的魂魄，打上了新的烙印，拥有了新的生命。

仁麦的成就是全方位的，小麦从头到脚都有用，可以说全身都是宝。种子的用途自然不必再说，种子的外皮麦麸也有着诸多用途，比如作为饲料或添加剂使用。在农家用它来喂鸡养鸭、饲牛喂羊十分普遍，由于它富含大量粗纤维且营养丰富，可以增进营养并促进家禽家畜的肠道消化；许多钓鱼爱好者还把麦麸当作鱼饵底料；此外，包含麦麸在内的全麦食品也越来越被追求健康的现代人所推崇。麦芒和打碎的麦秸与南方的稻谷壳及秸秆相似，可掺到土中搅拌成泥，大大增加黏合力，盖房垒墙，样样好使。这大概也是中国人特有的智慧，据说这种墙体的抗震能力能超过一般砖木结构的建筑。未打碎的麦秸拿去做了草编，打碎的麦秸除了和泥垒墙之外，还是极好的灶台引火物。它搭在房顶就是效果极佳的隔热层，送到造纸厂就是造纸的重要材料。留在地里的麦茬，铲回家是燃料，燃烧成灰混合农家肥又回归了土地；现在的人已经懒得费那个劲，犁地时就势翻到地下，也是不错的有机肥。人类对小麦真的是从头到脚进行了全方位的开发，一丁点儿都不浪费。

（三）榆树

榆树是在中国的东北、华北、西北以及西南都有着广泛栽植的落叶乔木树种。幼树皮肤光滑，老树树皮纵裂而粗糙。海拔2 500米以下的山坡、谷地、丘陵、沙岗皆可生长，平原、荒漠、盐碱地皆能存活，强大的适应性诠释着“适者生存”的真谛。树干高直可达20余米，为梁为檩，均可胜任；树冠如伞，枝繁叶茂，遮阴效果良好。如此神树，怎能不让人喜爱？“榆柳荫后檐，桃李罗堂前”（陶渊明《归园田居其一》），最喜欢自然田园风光的大诗人陶渊明也把榆树栽植在了房前屋后，朝暮相守。

1. 向明而生

先从榆树之性说起。榆树喜光，耐干旱，耐寒冷，耐贫瘠，虽不耐水湿却可耐雨季水涝，对土壤从不挑三拣四，落地生根，根系发达，抗风保土，树叶、树皮、果实皆可食用。人们尊榆树的习性而做，把它栽植在向阳的山坡、高岗或路边。河北省磁县炉峰山半腰的神庙前，一棵不能合抱的大榆树威风凛凛站在山路旁，遒劲的树根紧抓着脚下沙砾，冠如华盖，与庙里的神仙相看年年。我们不知庙里的神仙庇护了多少善男信女，合了多少人的愿，这颗榆树却是实实在在为驻足的人在夏日里带来了惬意的阴凉。据当地人称，它已经站了几百年。是自生，还是人栽，倒显得不那么重要了。环视一周，附近向阳的地方，处处都有它的子孙！冀南大平原上的老百姓更喜欢跟榆树亲近一些，他们把榆树栽到自家的院落里、隔沿（院落外固墙之用的夯土基）上，春来采食方便，夏至叶茂乘凉，秋落可薪可饲，冬疏筛洒暖阳。一年四季，榆树总是让身边的人感觉万分熨帖，如此相处，焉失人心？若论相处之道，榆树岂不是楷模典范？

2. 里仁为美

“里仁为美，择不处仁，焉得智？”（《论语》）榆树的随缘与人的随性相应——随缘不是随便。榆树的随遇而安以及素其位的品格前文已略有论述，但是，这种品格并非容纳一切，人们也不可随意摆布之。它自有自己的“有所为”和“有所不为”，这一点极像独爱淮南的橘子。榆树耐寒不喜热，耐旱也耐涝，它广泛栽植于黄河以北的广大区域，黄河以南的西南地区也有分布，燠热多雨的东南一带却并不常见。究其原因，以一种不专业的想法偏论：榆树是冷静的，它不喜欢那弥漫在空气中的蒸腾与浮躁。它喜欢北方，黄河以北，再往北，到了东北吉林省的一个地方，它才像鱼儿回到了水中一样的开心。它舒展着身姿，沐浴着凉风，懒洋洋地扎根，静悄悄地成长，一而十，十而百……簇成团，连成片，引来人，一家、十家、百家……这个地方后来索性就叫作了“榆树”，这就是今天吉林省人口最多的县级市——榆树市。何以人丁兴旺？大概是因了榆树的缘故吧。树养人，人育树，成就了剪不断、续千年的人树情缘。

3．修身正德

高大笔直的榆树看起来仪表堂堂，端庄大方，赫然君子状，自然是人见人爱。但这种榆树却不是能唾手可得的，必须经过人的自始至终的管理、修剪，才能有成。暮春三月，榆钱渐变枯黄，随风飘落，地上密密麻麻铺了一层。各种条件成熟的话，不几日，幼小的榆树苗就会出头露面，绿油油一片，煞是好看。好看并不中用，想让苗儿长得壮，就要及时间苗。根据长势持续拓展幼苗的生长空间，保证阳光照耀充足。榆树生命力旺盛，主干上侧枝繁茂，如不加修剪，来日再看，已蓬蓬然如灌木也。任其发展，毫无前途，最终只能砍伐送至灶膛。所以，在榆树的整个生长期都离不开修剪，除雨天外，全年都能修剪细密、交叉的枝条，保持主干直上的趋势。除此之外，病虫害也严重影响榆树的健康成长。比如，在改革开放初期，据称是外来侵入物种的榆绿毛萤叶甲几乎给中国的榆树带来灭顶之灾。对此必须进行人为干扰与防治，才能“修身正德”，迎来榆树发展的新春。

4．栋梁重器

正是由于榆树的亲民，人们不断把自己的能量传递给榆树，使其生命得以更加华彩。在对榆树的升华改造中，榆树的主干是人们最为器重的。因为其树干通直，材质坚韧，耐腐耐湿，可堪大用。尤其是在华北地区，盖新房时拥有一根粗直的榆木梁是主人心里的头等愿望。在这里，它不再是一根普通的榆木，而是一家老小生命所系，它代表着太平，象征着安康。系上红布，上书“上梁大吉”等吉词，待上梁完成，掌墨师傅会一边卸下红布，一边念念有词：“一条黄龙长又长，缠在主家紫金梁；自从今日卸红后，主家永远发吉祥。”外皮浅黄的榆木梁在一定意义上化身为保佑全家平安如意的神祇。此外，榆木质地硬朗，纹理粗犷清晰，颜色外黄内紫，气味暗香浮动，刨面光滑似锦，质朴内敛如斯，浑然天作地成，受人钟爱，由来已久。无论达官雅士，还是百姓人家，做起家具来，从来都不会忘了榆木。桌椅板凳，床柜箱案，无不适宜。北方榆木家具大多方中带圆、简约洗练、刚柔相济、自然得体，上可达王榭堂前，下可立庶民庭院，不会有一丁点儿的招摇，也不会有一丝毫的僭越，处处都契合着中国人传统的处世之道。

人摇动了榆树，榆树也摇动了人。

5．君子不器

说起榆树的用途，可谓不胜枚举。首先，榆树适应性强，生长快，绿荫浓密且叶面留滞灰尘能力强，实在是城市绿化和行道树的重要树种，不知道要比毛白杨、法桐等强了多少倍。其次，榆钱、树叶和树皮都可食用，且有不错的食疗功效，可安神、利小便，对神经衰弱患者大有裨益；榆树皮十分坚韧，还是制作绳索的上佳材料；几十年前，广大农村还以井中汲水为生，井绳多为榆树皮制成。再次，老榆钱中间的核果含油，提纯后可用于制药，可用于化工。因为榆树的生命力强，即便是被废弃后看起来无大用的榆树老桩，也被一些盆景爱好者挖掘出来，精心护养，为文人雅士的案头平添了一抹诱人的绿色。如此这般，的确算是尽其性、尽其用了。

植物世界奥妙无穷。曾几何时，我们以为已洞悉和掌握了这个世界。回过头来，愕然发现仅仅是可怜地窥其一斑。在亿万年的生命延续历程中，每种植物都经历着无数次的存亡选择，现存于世就意味着每次选择都获得了满分。这是何等的神奇！这是何等的智慧！在与人的互动中，尽其性、尽其用，只是其生命智慧的九牛一毛。在智慧的植物面前，人必须常怀敬畏之心，“正心、诚意、格物、致知”，或可明了生存大道与生命真谛。在智慧的植物面前，人必须做到顺势而为，“尽人之性”，方可相依相长。此所谓：尽物之性，尽人之性，物为人用。人类改变了植物的外在风貌，植物却塑造着人的内在心灵。

（董锋利　何树海）

下篇

立地之道：柔与刚

地道之柔与刚是对空间及质地的分别。所谓『刚柔皆得，地之理也』，（《孙子》），『刚柔相成，万物乃形』（《淮南子》）。开天辟地刚之力，水滴石穿柔之力，刚柔并济乃生存之道。植物生命历程中的动静有常、用行舍藏和缘起缘灭，体现的正是刚柔相济的立地之道。

第九章　动静有常

点绛唇·乐见花开

（新韵：八寒）

乐见花开，
春风吹过争明艳。
逞奇夺炫。
极目绵延璨。

又到冬来，
风雪穿庭院，
窗满霰。
叶枯枝倦。
且待南来雁。

“动静有常”的字面意义是说，无论行动和静止，都要合乎规范、遵守规律。这一说法最早出现在《周易》中。《周易》中说：“天尊地卑，乾坤定矣。卑高以陈，贵贱位矣。动静有常，刚柔断矣。”朱熹在《周易本义》中的注释是：“动者，阳之常。静者，阴之常。”“动”和“静”不难理解，这里的“常”即“恒”，是永恒不变的意思，等同于规律。显然“动静有常”指的应该是天地万物均有动有静，动中有静，静中有动，动中生静，静中生动。当然，动静不只是事物的一种状态，而且也是事物的发展变化的规律。按照现代的说法，动是永恒的，静是相对的，动静的转化是有章可循的，这才是事物发展变化的基本规律。人类的伟大之处正是在变化的事物之中，清清楚楚了解它的本性，找到它的规律，并且遵循它的规律，方可“刚柔断矣”。这里的“断”是断定的断，判断的断，决断的断。

一、植物的动静

宇宙万物是恒动的，每一物体在每一刹那都在发生变化。人们习惯通过视觉感知事物外在形状的变化或通过物体的位移来判断动与静，事实上，万事万物每天甚至每时每刻都从未停歇过外部的和内部的运动。

植物所以称之为植物，是因为植物变化和移动的速度小于人类感觉的速度。其实，兔子运动用腿在跑，而植物吸收水分和阳光是根系和叶片在跑。据有关资料记载，最高的树有140多米，最大的树占地1 000多平方米，最深的根系可达100多米。另外，大树是植物，种子亦是植物，种子可以随地形、随风、随水、随动物和人类进行活动。甚至，许多植物的种子在成熟时会自然炸开，将种子弹射到更远的地方。原产南美洲的黄顶菊就是近20年才开始入侵我国的。花卉盆栽更不用说，云南的花卉一天就能飞到北京。不要说花不会动，难道人就是它们的雇佣军吗？

殊不知，植物的根系在生长季是每时每刻从土壤中吸收水分和养分，运输到植株的各个部位；同样，植物叶片也在时刻利用太阳能，将水和二氧化碳通过光合作用生产植物机体所需要的有机物。植物制造的有机物一方面维持自身的生长，另一方面人类、动物、真菌、微生物，都可以通过摄食、寄生等方式利用这些物质，从而维持大自然的生生不息。即使是休眠千年的种子，也从未停止过它那微弱的呼吸。因为，停止就是死亡，就成了另一种物质。

当然植物也是安静的。每天打开窗户都能看到门口那棵老槐树在静静地伫立着，一天、两天，一年、两年，爷爷一辈子，父亲一辈子。别说人了，房子都翻盖两回了，而那棵槐树依然静静地伫立在那里，好像什么都没发生过似的。

河北磁山是一块神奇的土地，据考古专家测定，磁山文化遗址早在 7 000 年前就有谷子生产。到 7 000 年后的今天，磁山依旧是优质谷子的生产基地。7 000 年，多少动物出现变异，多少动物发生灭绝，而磁山的谷子依旧静静地生长、开花、结实。

我们在不经意中会轻易地断定一棵雪松是青春永驻的，因为它总是那么翠绿挺拔，它的苞芽依然蕴含着繁衍新树的生机。人们在季节变化明显的时刻才能看到植物的变化。如生长在温带地区的杨树和槐树，到了秋冬交替时期，气温开始下降、光照开始不足，它们体内脱落酸积聚到叶柄的基部，进而在叶柄基部形成离层，到某一时刻，叶片就会随风飘落——这其实是植物为应对光照不足和温度降低而采取的一项自我保护措施。到了春天，随着光照增加和气温升高，又会合成生长素和细胞的分裂素，刺激植物迅速生长。当这种变化达到相当大的程度，我们迟钝的知觉便有了新的认知：我们就说杨树和槐树的叶子落了，它们改变了自己的样子。事实上，该物体每时每刻都在改变。

毛竹的生长可谓是自然界的一大奇观了。毛竹在种下去的前五年里几乎不怎么生长，看上去貌似处于一种静止状态——人们总是这样认为。但等到第六年的雨季来临时，它们几乎以每天30厘米的速度飞速生长，这样只需大约6周左右的时间，它们就可以长到15到20米！原来看似空荡荡的空地，似乎在瞬间就可以变成青葱苍翠的竹林。是什么使毛竹有如此惊人的爆发力呢？原来毛竹在前五年只是没有向上生长罢了，它默默地将它的根深深地扎在大地之下数十米，侧根和须根的面积达百余平方米。5年后急剧的生长，让我们感到了不可思议的动。所以说，动静有常是宇宙之歌的主调，是大自然演进的灵魂。

从远古鸿蒙未辟的一团混沌，到现在天清气朗的一片锦绣，大自然看似无为，却循着自已动静变换的节奏。无论是宇宙的运行、物种的进化，还是国家大事的发展趋势，乃至人类思想、感情、情绪的变化，概莫能外。崇尚概念明确的生物学家很自然地根据自已的研究对象所特有的某些动态或静态的属性来给对象分类、下定义，把动物界、植物界截然并立当然是人们为学习方便而进行的学科划分，但我们认为没有一个明确的特征可以将植物与动物分别开来。哪怕是最低等的有机体，只要能自由活动，便有意识。而植物的意识对于它的动与静而言究竟是结果还是原因呢？从某种意义上说，意识是原因，因为意识支配有机体的运动；从另外一种角度来说，意识又是结果，因为只有运动才有意识，运动一消失，意识便衰退，或者进入睡眠状态。固定于土壤中，就地摄取养分的植物，又怎么朝着有意识的动的方向发展呢？包裹着原生质的纤维质鞘膜，在使最简单的植物有机体静止不动的同时，也保护了植物有机体不受外界刺激的影响。对于已经恢复其运动的自由的植物而言，我们不妨认为它们的意识已经觉醒，而且该植物恢复这种自由的程度越高，其意识的觉醒程度也越高；出于本能，达到智能，甚至实现超越。遍布自然界各个角落的植物以其独有的生命特征向人们展示着生命的智慧。

二、动静中的生命

（一）再生

“不会衰老而且永远活着”对今天的人类来说仍然是一个无法企及的幻想，植物就不是这样了，在有的个体植物身上，寿命似乎是不存在的。人类或者动物，基本上都会遵循相同的轨迹以大致相同的速度成长：出生、性成熟、产子、随年龄而逐渐老化、死亡。但是，植物却能够做到在一生的各个阶段休眠一阵子：四季轮回是很明显的特点，春天萌发、夏天生长、秋天收获、冬天止藏，在冬天几乎停止代谢，进入近乎“静”的状态。从同一棵草木上同时掉落地面的多颗种子，有的第二年就会发芽，有的则躲在地下，进入休眠状态，几年乃至数十年上百年之后才发芽。

这样看来，植物貌似可以“随意”改变生命的长度！所有的园丁都知道，你能够从一株活着的植物上剪下一枝，也许只是很小的一枝，能让它成为一株全新的植物。几乎没有动物能够做到这一点，也没有比之更先进的能力。当然，如果特定种类的蜥蜴丢失了它们的尾巴，它可以长出一根新的来。但是，它们反之就不行了——我们不可能通过一条残缺的尾巴得到一只新的蜥蜴。植物的组织，甚至单个细胞都具有再生能力。在植物组织中，尤以分生组织的再生能力更为明显。从薄荷、马铃薯、兰花的茎端切下生长点，接种在合适的培养基上，均能再生出完整植株。孢子植物中，从单细胞的藻类到多细胞的苔藓植物和蕨类植物，都无一例外地具有再生能力。

植物再生中最引人瞩目的是单个营养细胞的再生。1963 年，英国的史基瓦德做了一个著名的实验，把一小块胡萝卜放在培养液里，再把胡萝卜块中游离出的细胞放到培养基上，试着让这些细胞不断地产生愈伤组织。没想到最后竟然在试管中长成了整个的胡萝卜。这个实验首次证明了植物体的每一个细胞都可以借助自身细胞（单细胞）来繁殖，它不停地分裂分化，植物好像“永不

法国梧桐：悬铃木科、悬铃木属。法国梧桐是落叶大乔木，树皮灰白或青灰色，常呈片状剥落；坚果聚成球形，几个球一串，果柄长而下垂，故称“悬铃木”；法国梧桐喜光、喜温、耐寒，对土壤要求不严，广泛分布于欧亚大陆。

死亡”。而这一点，人类或动物都很难做到。类似的例子不胜枚举，比如暴虐的森林火灾把漫山遍野的植物燃烧成一片灰烬，可是次年的春天，依然会在烧焦的树干上萌生稀稀疏疏的新绿，向人们昭示着崭新的生命。

（二）断臂求生

在非洲纳米比亚沙漠的南部地区，外在持续酷热和干旱之中，全年降水量常不足 60 毫米，严酷的生存环境让生命望而却步。但有一种植物仍然顽强地生长，当地土著人就地取材，常砍下它的树枝，挖空其海绵组织当作箭筒，因此其得名箭袋树。箭袋树几乎终年得不到水分，又终日暴露在阳光下，它们为了生存，最重要的任务就是贮存水分。它们把水分涵养在肥厚的叶片里，潜藏在庞大的枝芽中；它的树干即便久经岁月的洗礼，依然平滑得滴水不漏；在它的树枝上还覆盖了一层明亮的白色粉末，用于反射阳光。当然也像所有沙漠植物一样，它的叶片上有一层厚厚的外皮，皮孔数目极少，以求把蒸发的水分降至最低。但是，只有这些生存技能还远远不够。为了减少因呼吸产生的水蒸气的蒸发量，每当遇到干渴欲枯、生死攸关的时刻，箭袋树就会突然自我截枝！无数正在生长的枝叶纷纷断离，树干上的这些伤口会被立刻牢牢封闭，只留下刀削般的疤痕。待到环境改善时，再慢慢长出新芽，向人们展示生命的坚强与壮美。

（三）为生而弃

懂得牺牲、勇于割舍是热爱生命的最高境界。在特定的条件下，舍弃未免不是一种绝佳的生命智慧。家住东北的人都知道森林里的一个“秘密”：山里的野果是三年一小收，五年一大收。原来，森林里的树木养活了不少野猪和野鹿，这些食客靠含油量极高或者含淀粉极高的果实为生，比如红松树松子、橡树的果实，等等。食客们从秋天开始一直到寒冷的冬天，会将果实刨得一干二净，不给树木传宗接代的机会——毕竟它们也要熬过漫长的寒冬。树木们不高兴了，食客们把它们的种子都吃了，到了春天，它们连一个后代也留不下，自己的基因将面临灭绝。这是不能容忍的，所以它们“想了一个办法”，那就是“收成的不确定性”。我们可以理解植物的智慧是每年春季树木都要“达成协议”，开花之前“商量”一下，至少在一年前就开始计划准备传宗接代的事情。就比如红松树松子，“或三五年一小收，或三五年一大收，或会有两年绝收”，这就是在控制“食客”的数量。在绝收的年份里，食客们会因为熬不过漫长而又缺乏食物的寒冬，数量急剧减少。来年的时候，树木们会突然爆发式地一起开花结果，让那些数量已经减少的食客们没有机会吃完全部的果实，树木的种子就会顺利地熬过冬天，在来年的春天生根发芽。你看，这些树木在面对风险的时候总能发挥出非凡的智慧，主动出击，以一种非常好的转换机制，变被动为主动，以弱图强，立于不败之地。

（四）反道而生

根据地球上生命的发展规律，阳光、水、空气和适宜的温度乃生命的生存和发展所必须。不具备这其中的任何条件，植物定难存活，更不要说繁衍了。然而，随着人类对自然的探索愈加广泛和深入，我们惊讶地发现：有些植物已突破生命的禁区！这类植物被统称为“极端植物”。俄罗斯科学院生物学与生物技术研究所的科研人员经过一系列的科学实验发现，在极端恶劣的条件下，植物在原细胞和愈伤组织细胞大量死亡的同时会产生大量的“奇迹细胞”，而这些奇迹细胞在极端生态条件下，已产生了基因突变，能够适应极端生存条件。再将这些经历“奇迹”的愈伤组织细胞放到普通的营养液中培养，便可以得到能够适应极端生存条件的植物。

沙漠植物基本都属于深根性植物，顾名思义，就是通常根系比较发达，扎根深且布根广。而且，沙漠植物的叶片大都退化为针刺状，以减少水分的散失，最重要的就是它的耐旱性非比寻常，典型植物就是仙人掌类。但如果你以为沙漠中的植物都叶片退化就大错特错了，以色列沙漠地区有一种绿色植物叫沙漠地黄，即使生长在长期干旱的环境中居然也可以生长出硕大的叶片，开出美丽的花朵，为荒芜单一的沙漠增添了一抹靓丽之色。你仔细观察会发现，在它硕大的叶子上面有一层蜡粉状物质在阻碍其体内水分的蒸发。另外，沙漠地黄叶子表面疙疙瘩瘩之中存在着许多互相连通的“沟壑”，更奇妙的是，它所有叶子的叶柄不是长在枝干上，而是深入到地面以下紧贴着根部向上四散生长……别看它其貌不扬，但每个特点都充满着生存的智慧和技巧。原来，叶片上那些突出的小疙瘩能更有效地挡住水分子的扩散。特别是在大气湿度比较大的黎明和黄昏时，这些疙疙瘩瘩的装备就要大显神通了。当那些微小的水分子聚集成小水滴，小水滴又聚集得足够大的时候，它们会因自身重力而向下流动，逐渐汇入“沟壑”（渠道）中，最后，它们都会顺着不同而有致的“沟壑”汇集到了根部，直接灌溉根系。原来沙漠地黄之所以有如此顽强的生命力，其奥妙就在于它有一套可以自行收集微弱水汽并进行自我灌溉的“水滴收集”系统。据测定，每株沙漠地黄的平均年集水量为4.2升，这些水也就是它一年所需要的水量。沙漠地黄就是靠着这种“自我灌溉”的方法顽强地生存着。

以色列海法大学教师尼尔曼对这种奇特的沙漠植物十分感兴趣，他很想知道，如果破坏了这种特殊的“自我灌溉”系统，沙漠地黄的生命力会怎么样。于是他做了一个实验：先找到一株沙漠地黄，并在其所有叶片的根部加装导水片，也就是让叶片收集的流向根部的水不能到达根部。几天后，沙漠地黄呈现了枯萎的状况。尼尔曼很失望，看来，没有水的滋润，任何生物在沙漠里生存都会困难异常。可令他没想到的是，奇迹出现了。几天后，这株沙漠地黄的叶片迅速枯死，而在根部重新萌发了新的叶片芽，紧接着叶片芽以上的部分包括茎部都快速枯萎，似乎整株沙漠地黄的能量都集中于叶片芽的生长上。叶片芽长势特别快，一个星期后，整株沙漠地黄在新芽的快速成长并工作后，渐渐恢复了往日的生机，而且很快开出了美丽的花朵。沙漠地黄果敢地切断受伤部位的给养而全力催生新叶片，给了我们很多启示。当强大的灾难破坏了我们赖以生存的基础，我们往往是千方百计、费尽周折去维持、弥补、修复，有多少人能做到另辟蹊径开创新开地？

三、动也是智慧，静也是智慧

“我心即是宇宙，宇宙即是我心”（毛泽东《心之力》）。天生万物，人是万物之灵，人的灵魂不是孤立存在的，而是大自然灵气的凝聚。人的心性必须离人欲，方能存天理，方能与万物保持天然的联系。大道至简，万变不离其宗，复杂原出于简单。让我们静下心来，把植物的生命智慧与人类的发展结合起来，看看大自然通过它自己的互联网，告诉了我们什么样的“通关密码”。

现代人挂在嘴边最多的一个字就是“累”，在世俗金钱名利的裹挟下拼命奔跑，没有目标，也忘了来时的路，被未来牵着跑，被过去赶着追。有这样一段耐人寻味的对话，道出多少人性之荒谬。有一佛门弟子去请教一位老禅师：“您能给我讲讲众生的迷幻之处吗？”老禅师回答道：“众生在年少时都急于成长，等稍大后便又哀叹失去了的童年；他们年轻时常拿健康去换取事业、名利和金钱，年老后又想用金钱去换回年轻与健康；他们对未来充满了焦虑和不安，却又漠视眼下的幸福。所以说，他们好像从不活在当下，总在总结昨天和畅想未来。他们仿佛认为离死亡很远，直至临死前，才忽然发现自己仿佛从未活过。”反观一下我们自己，我们学习过许多课程，学习数学 1+1=2，3−1=2，但是我们没有学过人生何时该加、何时该减，亦如何时该动、何时该静，在前进的道路上何时该按下暂停键，遵循人的本能，和自己的心灵来一场安静的对话。其实，按下暂停键，并非消极懈怠。暂停，不过是砍柴路上的“磨刀”，或是计算机运行中的清理整顿而已。暂停，是为了更富有效率的出发。

像我们前面讲到的植物——箭袋树，当危机来临，它体内原本沉睡的动物性意识和活动也会觉醒，静中生动，以一种“壮士断腕”的智慧和勇气换取生存的可能，这是植物的生命智慧。对于作为生命个体的人类来说，在面临困境时往往能迸发出难以想象的智慧和勇气（静中生动）。这种力量首先是对生存本能的渴望，这种本能是人最基本的需求。因此，哪怕是有一点儿希望，人类也不会放弃。正是这种有机会就要去试试的积极心态，让人们最终抓住那个真正的机遇（动中生静），迅速行动是完成绝境“逆袭”的保证。无论面对什么样的情况、什么样的条件，下决心后马上行动，才能拯救和成就自己。如果没有强劲的执行力，机会也会在不经意间溜走。这对于各个领域的管理者，也是很好的借鉴。

识生智，智生断，只有对事物有深入的观察和了解，才能做出正确的判断。

做出判断后应该当机立断时，千万不可瞻前顾后、顾此失彼。天地有缺是一种现实，所以，舍得是一种智慧。这种智慧在古圣先贤的典籍中有普遍的记载。当面对重大形势，能够大刀阔斧、壮士断腕，获得主动权，继而化险为夷、东山再起，那是怎样的智慧与勇气！我们在面对一些事情的时候，不能仅仅只看到它好的一面，还要意识到它不好的一面，这也是常态。更要意识到好与不好是一个整体，要接纳好的，也要接纳不好的，这叫作包容。就是把一件事情的好与不好全部接纳过来，并且与这种状态共存。因为只有拥有这种状态，我们才有可能去改变它。接受不代表放弃，不是无所作为，反而是在承认现状的前提下主动地寻求改变。

极端植物沙漠地黄以突破自身局限和超越束缚的生存智慧告诉我们，遇到不可回避的矛盾或不能解决的问题，不妨换一种方式试试。"换一种方式试试"是人们在生活中经常要做的一个选择，但常常是说起来容易，做起来难。因为我们往往会被某种社会习惯和思维定式所束缚。比如，在教育问题上，每一个家长都不愿自己的孩子输在起跑线上，争先恐后地把孩子送最好的幼儿园，念重点小学、重点中学，最后才能考上名牌大学，才会有前途和未来。殊不知，尺有所短，寸有所长，并不是每个孩子都是考试成绩优秀的，但他可能在其他方面有过人之处。只是在"考试成绩"这种单一评价模式下，我们的教师和家长都把孩子的优势忽略掉了，甚至强迫孩子放弃自己的兴趣和梦想，强制孩子们把心思都放在学习上，不许三心二意。结果，孩子在成长中丢了西瓜，捡了芝麻，甚至有的孩子长期陷入自我否定与怀疑中不能自拔（心理疾病）。最后，穿着并不合脚的"鞋"在人生的道路上蹒跚而行。为什么不换一种方式试试？鼓励，然后培养，把他的优势发挥到极致！"换一种方式试试"，不仅要有勇气，而且还要有一个开放活络的脑子，掌握大量有用的信息和知识。

动静如是，穷则生变，静极生动。当代作家蒋子龙先生在《石头也开花》

中讲述了一个穷困山村脱贫致富的故事。在贵州省西南地区有一大片光长石头不长树的穷山坡，到处是光秃秃的石头。多少年来，由于泥土少，当地农民在一个个石窝窝里只能种玉米。春天里看似种了一大片，但到秋天，至多收下一背篓，温饱都不够。在我国，这种石漠化地区有 451 个县市，涉及 2.2 亿人口。但这里的农民却不认命。他们寻思，这里的石窝窝种玉米不行，那么种其他植物是否能行呢？他们决定换一种方式试试。经过反复学习、求教和实践，他们开始种植金银花。金银花抗旱性强，3 年后成株，每株寿命 30 年以上，一株大约能蔓延 20 平方米。他们种了 14 万株，差不多绿了一大半山坡。更重要的是，金银花浑身是宝，花蕾可制茶，干花、茎与叶可入药。全村年产 60 多万公斤。有些种植大户年收入达 6 万多元。这在村里可是破天荒的第一回啊！这个村的变化带动了整个黔西南，各村都“换一种方式试试”：高海拔的地方，种草养畜；低海拔的村落，种植花椒，岩石白天吸收热量，晚上散发出来，有利花椒生长。这个原本“不具备人类生存条件”的地方，年人均收入已经达到 4 000 元，而且以生物手段治理石漠化已达 95%。

动静有常是一种心态，也是一种智慧。好比一个车站，没有赶上上一班车的，我们等下一班；去往一个目的地，这条路堵车，我们换另外一条路。说不定还能更快到达呢！在信息纷杂的现代，让我们适时放下手机，离开网络，回归自然，加入大自然的天地互通的大网之中，与天地万物相交感，和一株植物交个朋友，感受植物的生命智慧。

（陈海燕）

第十章　用行舍藏

点绛唇·万物萌发

（新韵：十二齐）

万物萌发，

无边无际茵茵绿。

厚积葱郁。

实为苍天意。

绿淡花浓，

秋后遂结粒。

待获刈。

贮藏有序。

且待来年继。

“用行舍藏”出自《论语》：“子谓颜渊曰：‘用之则行，舍之则藏，唯我与尔有是夫。’”意思是说，如果得到官方任用，我将努力工作，努力推广我的政治理念，施展人生抱负；如果得不到任用，我将把自己隐居起来，保证不被伤害。然后，一方面加强自身修养，一方面做些力所能及的有意义的事。能够用平和的态度做到这些的，大概只有我和颜回吧。孔子是这样说的，也是这样做的。孔子被任用时，即使是当个库管员和饲养员，也不气馁，也不抱怨，反而很高兴，把每件事都做得很好，《史记》记载为“会计当，牛羊壮”。此后，孔子当了鲁国的大司马，也不骄傲。反之，在孔子不被任用时，他也不苦闷。“危邦不入，乱邦不居”（《论语》）的智慧让他保护好自己；孔子还从不中断学习，即使在周游列国期间也在不断钻研《周易》，以致韦编三绝；同时，孔子对自己的爱好也是“曲不离口，拳不离手”，孔子喜欢抚琴，达到了“无日不歌”的程度。

孔子的“用行舍藏”被孟子解读成另一句经典：“穷则独善其身，达则兼济天下。”（《孟子》）从孟子的章句中我们能体会到一种很强的气场和势能，是天地间的一种浩然正气。孟子时常成为国君的座上宾，但孟子胸怀天下，“民为贵，社稷次之，君为轻”。（《孟子》）孟子不仅自己在践行“穷则独善其身，达则兼济天下”的思想，而且，也指导他人要独善其身，做“富贵不能淫，贫贱不能移，威武不能屈”（《孟子・滕文公下》）的大丈夫，还指导梁惠王等社会达官显贵要取舍有度、兼济天下。

用行舍藏是儒家大智慧，它不仅包含“兼善”“慎独”的品质，使人做到静以修身和兼济天下的精神追求，更能体现“穷不失义，达不离道”（《孟子・尽心上》）的士气，是生命风范的至高境界。用行舍藏既符合“适者生存”的自然法则，也符合“天生我才必有用”的社会规则，最能体现一个人在天下需要时顺势而为，在遭受排挤时蓄势待发的君子品格，是孔子及儒家留给我们的重要精神财富。

细观生命世界的种种品行，在自然界起源最早的植物生命现象中，用行舍藏的生存智慧也比比皆是。每一粒种子、每一条细根、每一枝茎干、每一片绿叶、每一朵鲜花，甚至每一片落叶，无不展现“用之则行，舍之则藏”的“君子”情怀。在植物身上，我们既可以找到寂寂无闻、很少见天却无私奉献的植物根系；也可以目睹或强悍挺拔的高大树干或细柔的绵长枝蔓，它们硬是把植物的器官串起来并支撑植物挺于天地之间；更可以体悟多彩的花果、缤纷的枝叶和神秘的种子带给人们的实际效用。在植物的这些自然而然的行为里，我们可以看到，用舍之间行藏有度、动静不失其时的精神，为植物造就了典型、纯朴和富有智慧的君子意象。

一、植物的舍藏智慧

植物天生就是用行舍藏的大师。在顺境时，植物制造大量的营养物质，并将其贮存到种子中，让其后代有足够的营养，保证其茁壮成长，完成繁衍的使命；在逆境中，植物懂得把老叶和旧枝舍弃而确保生长点和种子的养分供应，最大限度地保证生命的延续。这也正如人生，在得意时不骄不躁，善于把握机会，把顺境的优势发挥出来；在失意时，不自暴自弃，而能潜心学习，把逆境作为蓄势待发的契机。不得不说，用行舍藏充满着刚柔相济的人生大智慧。

（一）安静勇敢的种子

作为一个生命，没有什么比活着更重要的了。植物就是这样不轻言失败，不轻言放弃。所以，从生命之初到繁花似锦，无论环境条件是多么的恶劣，植物都把个体的生存和种族的延续放在首位，而完成种族延续的任务主要就是靠植物的种子。种子起源于 2.3 亿年之前，是裸子植物和被子植物身体里最为独特、最为复杂的器官之一。一粒小小的种子携带了植物几乎全部的遗传信息，牵动着植物的内部和远方、过去和未来、生命和死亡。所以，世上的每一粒种子都是一个充满智慧的仓库，也都是父子传承的使者。虽然有的时候，植物的种子表现得很弱小、很无能，甚至很恐惧，因而可能做出牺牲成为动物们餐桌上的美味，但这何尝不是动物们被植物所利用的过程呢？人类在使用它们的同时也帮助它们保存、改良和传播种子。从这一点来看，种子其实蛮有智慧，也很勇敢，更富有诗意。

1967 年，加拿大科学工作者在北美育肯河中心地区的旅鼠洞中，发现了 20 多粒北极羽扁豆的种子，经 C_{14} 同位素测定，这些种子深埋在冻土层里至少有 1 万年。在播种时，其中有 6 粒种子竟然能正常发芽，并长成了完好的植株。植物就是这样的倔强，环境条件不适合生长时，它们牢记繁殖的使命，抱元守一，蛰伏以待天时。当然，长寿的种子之所以长寿是因为它们艺高胆才大。长寿种子大都有一层坚硬且致密的外壳，长时间无水无气还能保持最低限度的生命存在。

种子其静也专，其动也倏。世界上寿命最短的种子是生活在沙漠中一种叫梭梭树的植物种子，它仅能活几个小时，但生命力很强。只要得到一点儿水，哪怕是晨曦中的几滴露珠，过两三小时就能生根发芽，这是它们对沙漠干旱环境的适应性造就的奇特本领。

此外，植物还充分利用动物来为自己传播种子。麝香猫咖啡，又称作猫屎咖啡，是目前世界上最贵的咖啡之一。麝香猫咖啡产于印尼，印尼苏门答腊当地人无意中发现麝香猫爱吃咖啡的果子，但它们却消化不了种子，于是，麝香猫排便的时候会把种子原封不动地排出来。麝香猫天性能挑到成熟度最好、风味最甜的咖啡果实来食用。这本是咖啡利用麝香猫来选优良种子并传播出去的智慧。但后来被人们发现，这些豆子经过麝香猫消化道的发酵，产出的咖啡比普通的更好喝了，香醇可口的猫屎咖啡渐渐声名远扬，成为国际市场上的抢手货。

樱桃、野葡萄、野山参等果实较小，味道又好，所以，很受小鸟们的青睐。由于果实较小，所以，小鸟在吃果实时一般是不吐果实里面的种子的，但小鸟又消化不了种子，种子便随小鸟的粪便来到四面八方。在长白山上的次生原始森林里，松鼠是常见的一种动物。而在漫长的冬季中，松鼠是靠秋季捡拾并储存的松子度过的。有人考证过，松鼠每年储藏的松子都会有丢失或吃不完的现象。松鼠，无形中就为松树充当了种群的传播者。

（二）独善其身的大树——普陀鹅耳枥

浙江省普陀岛是著名佛教圣地，是观音菩萨的道场，以世界著名的佛寺——普陀寺闻名，素有海天佛国之称。游览过普陀寺的人都不会忘记那庙院内一株珍奇的大树：世界上最孤单的树，“地球独子”普陀鹅耳枥！

这株普陀鹅耳枥约有200年树龄，高约14米，胸径60多厘米，树冠宽12米，树皮灰色，叶大呈暗绿色，树冠微偏。它虽度过许多大大小小的风雨寒暑，历尽沧桑，却依然枝繁叶茂、挺拔秀丽，为普陀山增光添色。

普陀鹅耳枥是1930年5月由中国著名植物分类学家钟观学教授首次在普陀山发现的。1932年，中国另一名植物学家郑万钧教授正式将这棵珍稀宝树定名为普陀鹅耳枥。

据说，在1950年以前，该树在普陀山还是比较常见，由于后期植被破坏和生态环境的恶化，绝大多数的普陀鹅耳枥逐渐消失，只留下这个孤遗。又因开花结实期间常受大风侵袭，致使结实率很低；种子即将成熟时，复受台风影响而多被吹落，更新能力极弱，树下及周围不见幼苗，已处于濒临灭绝境地。

正是由于这棵树的坚守，为它的种族迎来了繁衍的春天。从20世纪80年代开始，几代科研人员不懈努力，通过多年科研攻关，“地球独子”从1株增加到了几万株。并且引种到了上海、江西、河南、广西、湖北等地。从此，普陀鹅耳枥不再孤单。1999 年，普陀鹅耳枥被列为国家一级重点保护野生植物，被世界自然保护联盟列为灭绝等级。2011 年 9 月 29 日发射的“天宫一号”目标飞行器，进行太空育种实验的 4 种中国特有树种中就包括普陀鹅耳枥。

（三）静咸素默空谷幽兰

中国兰宁静谦逊、玲珑典雅，比之于松、竹、梅岁寒三友，松叶常绿而无花香，竹生多节而少花姿，梅有花而叶貌逊，唯兰花以气清、色清、姿清、韵清饮誉群芳，故而称为“全德之花”。兰花的心是宁静的，只要扎根一处，便不为时移、不为事移，默默坚守，在岁月的轮回中，收获着一份成长。兰生命历程虽充满艰辛，却能“静水流深”，开出朵朵简约淡雅的花，给人们带来一种美好、高洁、贤德的意象。

“士之才德盖一国，则曰国士；女之色盖一国，则曰国色；兰之香盖一国，则曰国香”（黄庭坚《书幽芳亭记》）。国香兰花，自古为君子佩之，当为王者香。以至屈原成了第一个“兰迷”。“扈江离与辟芷兮，纫秋兰以为佩”“矫菌桂以纫蕙兮，索相绳之”，（屈原《离骚》）他不仅把兰草成束地挂在身上，还将兰花穿成串披在肩上、围在腰间。屈原，作为一个十足的恋兰狂粉，也向我们展现了春秋时期君子佩兰之风。君子为什么要佩兰呢？正如孔子所说“己欲达而达人，己欲立而立人”。君子总是在自己感觉舒服的同时也让别人舒服，君子佩兰使人未见，而得其香。所以，在春秋时期，人们就开始种兰、赏兰、采兰，可饮、可食、可熏、可佩。中国兰就这样走进了上层社会的主流生活，给人们带来芳香、美好和快乐，可谓是兼济天下。

但兰不总是这样地光鲜夺目，世上也不乏其孤独的身影。孔子从卫国回鲁国的路上，在一个幽深的山谷里看到了一株卓尔不群的兰花傲然生于杂草蓬蒿之间，怡然而自芳。孔子触景生情地想到了自己，满腹经纶教学，一心为民为国，却颠沛流离奔走于诸国之间。但自己也正像兰花一样，无论如何艰难困

兰花：兰科、兰属。中国传统兰花仅指分布在中国兰属植物中的若干种地生兰，如春兰、惠兰、建兰、墨兰和寒兰等。花极具芳香，被称为“国香”“王者香”，在中国有 2 000 多年的栽培历史。

苦也不改初衷，不放弃自己的操守。于是感慨地留下千古名句：“芝兰生于深林，不以无人而不芳；君子修道立德，不为穷困而改节。”（《孔子家语》）

“与善人居，如入芝兰之室，久而不闻其香，即与之化矣。”（《孔子家语》）兰花的贡献不只是自己芳香，而且能影响周围环境同样的芳香。兰花的“仁者爱人，智者利人”风范是典型的君子气度。

兰之所以成为四君子之一，还在于其有入世的态度。“夫兰当为王者香”是孔子赋予兰的最高品质。兰虽生幽谷，但只是穷时的独善其身。兰当为王者香，兰一有机会就一定会回到王者的身旁，为君临天下贡献力量。这是兰达则兼济天下的君子情怀。

二、植物的用行担当

地球是人类的摇篮，而植物则是人类和其他生物生存的保障。它不仅提供人和动物生存所必需的氧气，还是最主要的食物和能量来源。很多植物可直接入药或从中提取有效成分制成药物。植物用其无私和慈悲成就其“兼济天下”的品格。今天的我们，体会植物的从“善”而行，就有了“送人玫瑰，手留余香”的感悟。

（一）竹济天下

中国是竹子文明的国度，中华文化到处浸透了竹子生命智慧的痕迹，竹子的参与也使中国文化逐渐丰富多彩、神奇朴实起来。竹子的用途非常广泛，无论是人类的衣食住行还是医疗保健，处处彰显着与人为善的秉性。正如苏东坡所述：“食者竹笋，庇者竹瓦，载者竹筏，炊者竹薪，衣者竹皮，书者竹纸，履者竹鞋，真可谓不可一日无此君也。”竹子通过光合作用产生氧气，净化空气，提供人类生存的基本条件；竹子制造碳水化合物，生产出木材、药品、食材，使人类得以居住、补充营养和保持健康；竹子涵养水源，降尘除噪，给人类带来绿色的生态环境；竹子清秀挺拔，成林则疏朗可亲，在遇到“格物致知”的中国文化后，青翠新竹就能摇曳着诗歌的意象，散发出水墨的淡香，承载了清幽、高洁、风骨的文化象征。晋代“竹林七贤”、唐代“竹溪六逸”等文人雅士，都曾托身于广袤的竹海，在修竹篁韵之中赞竹、吟竹、赋竹、为竹作谱，引领着时代的潮流。他们在竹林沐浴、格竹悟道，身世与竹子相融合并孕育出竹子文明，给人以顿悟。

1. 竹以载道

先秦时期我国的文字是记载在竹简之上，使文化得以传播。《论语》中“孔子韦编三绝”的故事就是明确记载当时的书都是用竹简编成的。现存最著名的竹书就是《竹书纪年》，它对研究中国先秦历史和文化有着极其重要的作用。《竹书纪年》是春秋时期晋国史官和战国时期魏国史官所作的一部编年体通史，前后记载了89位帝王、1847年的历史。于公元279年，被河南汲县(今新乡卫辉市)人不准(fǒubiāo)盗掘东周魏襄王的墓葬时发现。著名学者李学勤先生说:“《竹书纪年》在研究夏代的年代问题上有其特殊意义，这正在于它是现知最早的一套年代学的系统著作。（《古本竹书纪年辑正》）”

相比之下，同时期的印度用树叶来记载文字就显得很脆弱，不易保存。竹子对中华文明的传承做出了突出贡献。

2. 竹和八音

竹是古代“八音”之一，笙、箫、笛、葫芦丝等民族乐器都是用竹子制成的。甲骨文的“和”字是“龢”与“龠”。禾表示禾类植物的芦管，竹字头表示乐器笙的竹管，“侖”表示吹奏具有和音功能的排笛。所以说，竹子对中国音律的起源和音乐的发展都产生了重要影响，所以，我国古代就把音乐称为“丝竹之声”。

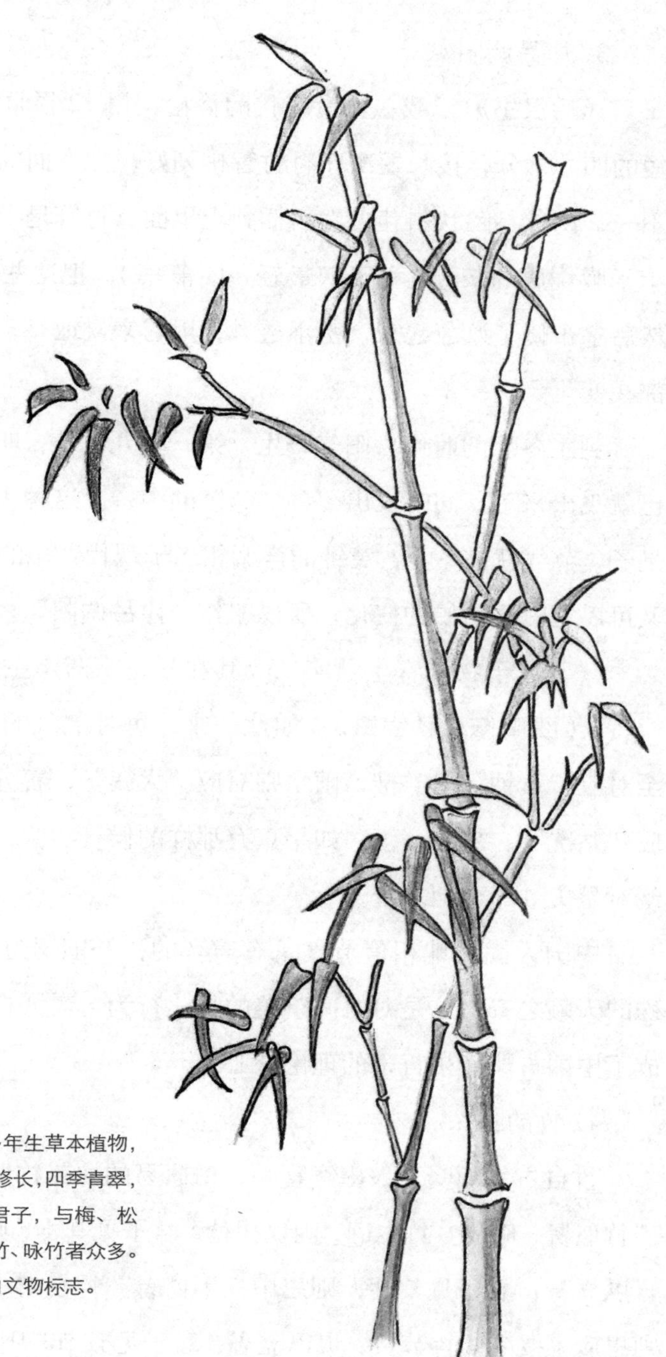

竹子：禾本科、竹属。竹子是多年生草本植物，种类很多，生长迅速。竹竿挺拔，竹枝修长，四季青翠，傲雪凌霜，与梅、兰、菊并称为四君子，与梅、松并称为岁寒三友。古今文人墨客，爱竹、咏竹者众多。竹子原产地在中国，也称之为中国的文物标志。

3. 律吕调阳

《后汉书》记载，黄帝时代的伶伦，用12根竹管，其中最长的九寸，最短的四寸六分，按长短次序将竹管排列好，把上面的管口水平整齐，下边长短不一，切成马蹄状斜茬，然后插到土里面。竹管是上下贯通中空，里面放入用苇子膜烧成的灰（这种飞灰最轻，叫葭莩），把这些管埋在西北的阴山脚下，然后拿布幔子遮蔽起来，密不透风。用它来候地气，因为地下的阴阳二气随时都在变化。

到了冬至的时候，阳气一生，第一根九寸长、叫黄钟的管子里面的灰，自己就飞出来了，同时发出一种“嗡”的声音。这种声音就叫黄钟，这个时间就是子，节气就是冬至；黄钟的声调相当于现代音乐的C调。竹管既可定音律，又可以定时间物候的变化，所以叫作“律吕调阳”。

“天之于物，春生秋实，故其在乐也，商声主西方之音，夷则为七月之律。”（欧阳修《秋声赋》）如此一来，每月节气的声音便是不同的。按照冬至对应“黄钟”律类推，雨水则对应“太簇”，春分则对应“夹钟”，谷雨对应“姑冼”。想象一下，如果真有那样的候气实验，能在竹管边侧耳倾听，那绝对是美妙的大地之音。

中国人固执地相信节气是有声音的，并能通过巧妙的实验来捕获这些特殊的天籁之音，这是对时间审美的物化行为。对大自然音响的迷恋与追寻，构成了中国古典音乐哲学的理论核心。

4. 竹韵幽深

竹自古就颇受文人墨客喜爱，白居易的《养竹记》可谓是其中的佼佼者：“竹似贤，何哉？竹本固，固以树德；君子见其本，则思善建不拔者。竹性直，直以立身；君子见其性，则思中立不倚者。竹心空，空以体道；君子见其心，则思应虚受者。竹节贞，贞以立志；君子见其节，则思砥砺名行，夷险一致者。

夫如是，故君子人多树为庭实焉。”后人又总结出竹之十德：“竹身形挺直，宁折不弯，曰正直；竹虽有竹节，却不止步，曰奋进；竹外直中通，襟怀若谷，曰虚怀；竹有花深埋，素面朝天，曰质朴；竹一生一花，死亦无悔，曰奉献；竹玉竹临风，顶天立地，曰卓尔；竹虽曰卓尔，却不似松，曰善群；竹质地犹石，方可成器，曰性坚；竹化作符节，苏武秉持，曰操守；竹载文传世，任劳任怨，曰担当。”“依依似君子，无地不相依。”（刘禹锡《庭竹》）这样的竹，注定是人们的最爱。竹与禅高度融合，佛教始祖释迦牟尼有“竹林精舍”，大慈大悲的观音菩萨有“紫竹林”，宋代僧人赞宁写过竹子专著《笋谱》，清代竹禅和尚画出了传世的墨竹。佛家“广结善缘”的主张，未尝不是竹子文化的觉悟。竹子“从地茁出，天气浑含，只滋根土，美闷春融，绝无雕节，自会发生盛大”（彭士望《耻躬堂文集》）的生长气象，常教人需有春暖之意，做到与人为善。

孟子云：“君子莫大乎与人为善。”在生活中，只有自己发扬助人为乐的精神，与人为善，才能得到别人的帮助和尊敬，才能在互动的真诚中感到真正的快乐。一个时刻只看到自己利益的人是很难体会到生活中的快乐的。真正的快乐只有一种，那就是为他人而付出，这样做你将获得生命最高的荣誉。

（二）“杨”济天下

杨树是杨柳科、杨属的落叶乔木的总称，一般高达 15 ～ 30 米，主要分布于华中、华北、西北、东北等广阔地区。之所以叫杨树，是因为杨树喜光、生长迅速，能快速形成较大树冠，起到遮阳的作用，故称阳树（杨树）。还有一种说法是杨树高大挺拔，树冠有昂扬（杨）之势。但无论何种解释，对中国这个森林资源贫乏的国家而言，种植杨树是可以在短期内解决国家木材短缺、改善生态环境的重要途径，是利国利民的重要措施。

1. 杨树速生而广用，充满济世情怀

杨树干性通直，是农村建筑的主要用材之一，老百姓常用来制家具、做房屋檩梁和制作农具等。此外，还是加工业的原材料，可以生产如胶合板、纤维板，造纸火柴、卫生筷和包装箱等工业产品。在幼树的修剪过程中，其下脚料是上好的木柴，点火容易、热值也高，是农村厨师的最爱。另外，杨树被广泛用作庭荫树、行道树，以及用作防风固沙、保土、护岩和固堤之用，有着巨大的生态效益。杨树在园林中可以丛植，也可以孤植塑造景观。《本草纲目》记载："杨树的根皮、枝、叶等萃取汁液（含水杨酸），可解除疼痛及发烧。"看来，杨树也是医疗保健的廉价原料来源。千百年来，杨树早已成为我国劳动人民喜欢的优良树种，是产生巨大社会效益的一种树。

2. 杨树生命力强，是肩担道义的英雄

杨树只要有根，就能战胜死亡，倔强地生长。在行道旁、乔木林、百花园可以看到杨树葳蕤的倩影，在杂丛中、沟壑边、荒坡腰、岩缝中也可以见到它挣扎的雄姿，在不见人烟、一望无际的沙丘上，杨树也撑起一抹希望的绿色。有些杨树品种还具有抗二氧化硫的特性，是华北、长江以南酸雨地区，以及高二氧化硫污染区绿化的先锋树种。杨树不管遇到风沙还是雨雪，不管遇到干旱还是洪水，它总是那么挺直，那么坚强。它显示了不软弱、不动摇的顽强精神。在三北防护林的特殊地段，杨树被人们广泛栽植，成为我国北方生态屏障的重要组成部分，虽粉身碎骨，也要尽到自己的责任。

3. 杨树是木中的伟男，具有独立人格

杨树内心坚强，目标向上。所以，杨树不需要人工施肥，也不需要像娇嫩的花草那样经常浇灌，更不需要像果树那样挥锯拿剪去整形修枝，它生来就是挺拔直立。杨树属于草根一族，虽扎根在贫瘠的土壤中，却一直追求着生命的尊严。当早春的土壤里还透着冰碴，风中寒意袭人的时候，它的枝头已经冒出翠绿的嫩芽，叶片迎风展开；严冬里，它单薄的枝条依然向上，高昂着头，保持着一股向上的正气。它从未想到移栽和迁徙，用自己的根和土地紧紧连为一体，哪怕残落枝叶腐化归于泥土，也要为脚下的土地增添养分和活力。

杨树兼济天下的精神，塑造了我们的民族之魂，教我们践行“大丈夫”的担当。

三、行藏有度——明开夜合树

宋代诗人释智圆在《戏题夜合树》有诗偈：“明开暗合似知时，用舍行藏诫在兹。绿叶红葩古墙畔，风光羞杀石楠枝。”明开暗合是指合欢树，用行舍藏是其特性内涵。

用之则行不是鲁莽，舍之则藏不是懦弱。动静不失其时既是依自己的能力所为，也是与时间、空间和形势等外界环境的适应。只有具有自知之明与知人之智才能动静有时、行藏有度，才能把自身的贡献最大化。合欢树无疑就是行藏有度的智者。

合欢树，也叫马缨花、绒花树、扁担树、芙蓉树等，为豆科、合欢属落叶乔木，是常用的园林绿化夏花植物。之所以称它为明开夜合树，是因为它的叶片具有“昼开夜合”的特性。所以，它又是一种敏感性植物，具有很高的观赏价值，也是地震观测的首选树种。合欢树白天叶片张开，进行光合作用，制造养分；晚上叶片合拢或下垂，有保护水分和花器的作用。

合欢树具有较高的实用价值。据《辞海》中记载，其果实可以榨油，供制肥皂、润滑油用，还可入药，性寒、味苦，可医治跌打损伤、经行腹痛、风湿痹痛等症。夏秋时采剥树皮，晒干药用，性味甘、平，有解郁、活血、宁心、消痈肿之功。合欢树木质细密洁白，可供雕刻用。

合欢树颇具文化底蕴。唐代韦庄在《合欢》一诗中写道：“虞舜南巡去不归，二妃相誓死江湄。空留万古香魂在，结作双葩合一枝。”讴歌了舜为民众劳碌奔波的精神，赞颂了娥皇、女英二妃纯洁的爱情，也浓缩了娥皇、女英与虞舜的精灵“合二为一”，变成了合欢树的动人传说。清代著名词人纳兰性德与朱彝尊等笔友喝茶聊天于自家园中的明开夜合花树下，并作五律《夜合花》：“阶前双夜合，枝叶敷花荣。疏密共晴雨，卷舒因晦明。”

明开夜合树用其智慧，做到了“用行舍藏”，它努力生长，为身受暴晒之苦的人撑起一片绿荫，为饱受污染之苦的人送来缕缕清新，为受病痛折磨的人送来健康，为家庭和睦送去温馨，给喧嚣的世界营造一处静谧的港湾，让浮躁皈依平静，将留下自然的美好。

明开夜合树是教育大师，用环境化人即所谓教化，远比人类社会办的知识和技能教育高明得多。

明开夜合树是知行合一的大师，其蕴含的生命智慧，与人生的实践相互交融，最后达到知行合一的效果。以树喻人，在不第时淡泊心境，丰富自己，提高自己，时刻准备；达则坚强自信，修身养德，善行善治，建功立业。我们每个人都要做到“知行合一”，把“用行舍藏”的智慧发扬光大。

（刘宏印　王振鹏）

雨林的一种奇特景象。南方常见的榕树、长芒杜英、蝴蝶树等树多有板根现象，形成了“独木成林”的壮观景象。

出淤泥而不染的荷花，其茎却是长于淤泥中的莲藕；莲藕是茎的变态即根状茎。少为人知的是，莲藕原本也是陆生，由于沼泽环境的渐进而促进了通气组织的发育，使它变成了挺水植物，由叶片向下供氧，让根系及茎在低氧的环境下正常生长。同样是植物的茎，生长在常年干旱、高温的沙漠地区的植物，其粗大的茎（或树干）可充当水库，成为肉质或多浆茎。如瓶子树，也叫纺锤树、佛肚树，由树的名字可知，此树树干很粗，形状像瓶子或大肚佛。瓶子树生长在干旱的沙漠地区，干旱缺水使它变成了“瓶子”一样奇特的外形，为蓄水留足空间；风吹日晒的树皮非常粗糙，能减少水分散失；皮内是海绵状的树干肉，具有极强的吸水性，可以“喝”更多的水，使储水的身材变得粗大而臃肿。

植物生长的环境千差万别，植物叶子的形状和大小也各不相同。细心的人会发现，我们找不到完全相同的两片叶子。其实，各种植物叶片的特殊形状，是缘于生长环境的不同而进化形成的。生长在多雨环境的南方，植物的叶子又大又宽，可以充分吸收阳光，促进蒸腾作用，起到调节体内水分含量的作用，像蒲葵、椰子、油棕等。而生活在干旱地区的植物，干旱及风沙的危害，使得它们的叶子很小，叶片的表面积尽量缩小，有的甚至退化成针状。例如，松树的叶子变成针状，仙人掌的叶子变成刺状，麻黄草和光根树的叶子退化成鳞片状，等等。

生活在干旱荒漠的仙人掌类植物，针刺状的变态叶、革质的茎皮、肉质的茎部，使得它们在植物界成为另类，满身“炸刺”，永远保持着一副剑拔弩张的形象，给人一种难以接近的感觉。其实，原始的仙人掌类植物原本是有叶的，生长在不太干旱的地区，外形和普通的植物并没有太大的区别。只是缘于沧海桑田的变化，湿润的环境愈来愈干旱，干旱多风的环境导致土壤的沙漠化，引发了它们外形上的变化。扁平状的正常叶逐渐退化成圆筒状，进而又退化成鳞片状，直至消失变成针刺状，从而有效地减少水分的流失，降低风沙的危害。今天在中美洲一些不太干旱的地区，仍然分布着一些原始的仙人掌类，其中木麒麟属及顶花膜鳞掌属的种类具正常的扁平叶，但其大小和肉质化程度有变化。叶仙人掌属种类的叶大而薄，基本上没有肉质化。在我国南方经常见到的叶仙人掌，就是木麒麟仙人掌类，它攀缘在墙垣上，不开花时像三角梅，还保留着一张原始祖先的面孔。

仙人掌是因何而从一般植物演化成这样的呢？植物的叶片越大，其光和面积越大，有利于光合作用制造养分。但是叶片面积大，植株的蒸腾作用也较大，水分蒸发散失量大。在长期高温、干旱的环境下，仙人掌的祖先们，因环境而减小叶片表面积，防止水分蒸发，减少水分的散失。历经数百万年的演化，仙人掌的叶子因生境改变而逐渐变成小叶子进而演变成针刺状叶，甚至完全没有叶子。恶劣的环境条件下，针刺状叶同样能避免其他动物的啃食，保护了“腋窝”的芽苞或叶子受伤，使植株更好地生存下来。仙人掌的茎也因高温干旱的环境，而慢慢演化成肥厚的肉质茎，储存着大量的水分。绿色的茎皮演变成革质，防止水分蒸发，并且代替叶片进行光合作用制造营养物质。同样，荒漠地区仙人掌的根系，因极度缺水便进入休眠状态，使体内的养分和水分消耗降到最低程度。在难得的降雨时机根系迅速苏醒，快速吸水恢复生长。生境使仙人掌的结构变得如此奇妙，拥有惊人的耐旱能力和顽强的生命力，绽放生命的奇迹。

一般情况下，我们所见的多数植物只长一种叶片。然而，也有同一植物上长有不同的叶片。有因植物生长时期不同而叶片不同的，如蓝桉树的叶片，幼年时期叶子是椭圆的，而成年的桉树叶子则变成了披针状；有因叶子生长在植株的部位不同叶片不同的，比如圆柏的基部通常长有刺状叶，而植株的顶部和内侧长的是鳞状叶。另外植物所处的环境不同，叶片形状大小差异更大，先看

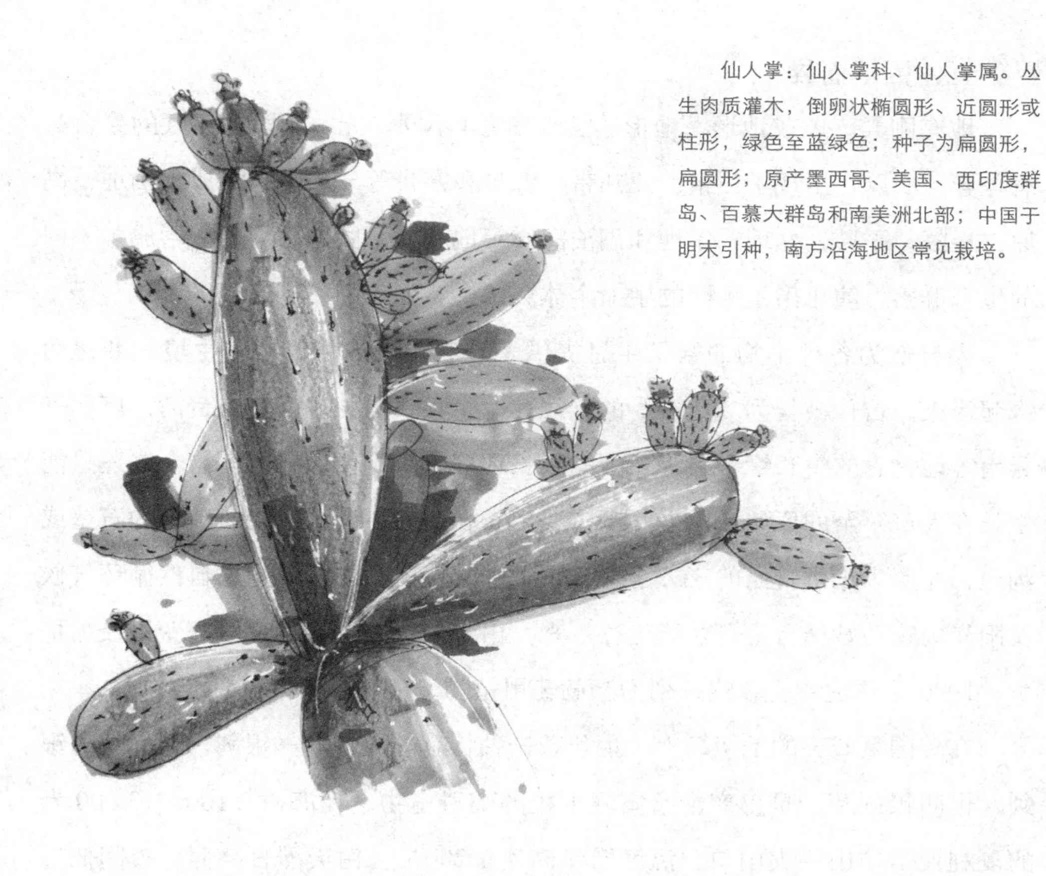

仙人掌：仙人掌科、仙人掌属。丛生肉质灌木，倒卵状椭圆形、近圆形或柱形，绿色至蓝绿色；种子为扁圆形，扁圆形；原产墨西哥、美国、西印度群岛、百慕大群岛和南美洲北部；中国于明末引种，南方沿海地区常见栽培。

看多年生的沉水草——水毛茛，它的身体半浮半沉在水中，浮在水面上的叶子是大而宽阔的手掌形，沉在水下的叶子就变成了开裂的丝状叶。因为水下氧气的不足及水的流动，水毛茛长期生活在水上和水下两种不同环境下，叶片形状产生了较大的差异。更有趣的是慈姑，其叶子虽生于一母，但因所处环境不同，却长相迥然不同。沉在水下的叶子是条形的，有利于吸收氧气和防止被水流冲走；浮在水面上的叶子是卵状椭圆形，能增加阳光的接受面积，提高光合效率；挺出水面的叶子又是箭形的，完全可以充分享受阳光的滋养，提高生活质量。

五、因地而异

地有刚柔，以成地形。地形（包括纬度）不同，光、水、湿、气的聚合必有差异。所以，出现了热带、亚热带、温带和寒带等气候带；形成了山地、高原、丘陵、平原、盆地、湿地和湖泊海洋等地貌。不同的地形地貌形成了不同的生态群落，演化出了不同的生命个体。

大自然为各种生物的繁衍生息提供了有利的生境，植物因生境的变化而缘起缘灭。古代被誉为“药王”的金线莲，生长在福建、广东、台湾、广西、云南等地，它的生长缘于极为巧合的生长环境。多年生的草本植物金线莲只能生长在人迹罕至的原始深山老林，需要生长在阴凉、潮湿、土质疏松的石壁或沟边，光照为正常日照的三分之一，最忌阳光直射，在特殊的大自然循环气候及阳光雨露巧妙结合下，才能生存下来。由于生境的变化，金线莲变得极为稀少，1990 年福建省将金线莲列为濒危药用植物。

在美国夏威夷的毛伊岛上，生长着一种特有的植物——银剑，又称毛岛银剑，也叫银剑菊，是仅产于哈雷阿卡拉的菊科植物。在海拔 2 100 ～ 3 000 米的夏利亚卡拉山的火山口，温度常年高达 1 200 ℃，白天烈日高照，夜间低温至 0 ℃以下，类似沙漠般的恶境。火山口处难得见到生物，然而，在这不毛之地却赫然挺立着一丛银剑，被人们称为珍稀的火山花。

毛岛银剑分布在哈雷阿卡拉的高山地带，面积仅有 10 平方公里。在炽热的阳光下，一把把银色的火炬托举着高达 2 米左右的紫色花序，令人一见倾心、难以忘怀。银剑窄长的叶子上长有银色的茸毛，银光闪闪。在叶丛的顶端耸立着巨大的花序，上面缀满数百朵紫色小花。层层叠叠的花朵，自下而上开向天空，犹如一头雄健的银狮昂首向天。在银剑柔弱的外表下蕴藏着强大的刚性，银剑百年磨一剑，一生只等花开一次，待到繁花落尽，悠然而逝，其寿命可长达 90 年之久。

展现自己绚丽的一生。植物生不逢时，则藏刚露柔；适逢佳境，则刚柔灵动，时来运转，刚性勃发，成就一片绿荫，展示美丽一生。

植物的种子是有休眠期的，而且其寿命也是有期限的，在有限的时间内种子只有遇见适宜的生境，方能萌发、生长、发育。植物种子传播的方式多缘于外界因素，轻而有绒毛的种子借风力“飞”到较远的地方，常见的蒲公英种子——白色伞状绒球，随风而走缘遇新的地方繁衍生息。柳树、杨树、槭树、黑板树、昭和草和风滚草等也是靠风把自己的种子送到远方。至于那些“难以飞起”的种子传播，或缘于行走的动物携带，如苍耳、车前草、鬼针草等；或借水流动传播，如椰子、睡莲、莲叶桐等，游走世界，开枝散叶。

在离水较近的地域，多数的植物都借水而远走他乡，尤其是沿海岛屿上的植物。孤立的岛屿远离大陆却植物繁茂，也是因时而就。因海水而与岛屿结缘的海漂植物，其繁殖体借海水漂浮，只有在生命能力没有丧失之前被搁浅着陆，并且需要遇到适宜的陆地环境条件，才能生长繁育下来。目前，我国海漂植物的种类较多，据调查统计，仅海南岛上的海漂植物物种就有 30 多科、50 余属、近 60 种，分别生长在滨海沙岸、岩岸、浅海中，有乔木、灌木、藤本和草本。其中乔木最多，约有 30 多种，约占总数的 53%。主要海漂植物的种类有：棕榈科、使君子科、玉蕊科、莲叶桐科等典型的热带科属，此外还有常见的草海桐科、千屈菜科、番杏科等。

海南海漂植物类群多样，生境各异，但植物们都拥有共同的缘分：借海水送种子或植株远走他乡安家立业，与相邻岛屿成为亲缘。一道道美丽的海岸线成为生态海南的名片，其中最著名的有椰树、红树林、莲叶桐、榄仁、木麻黄等植物。

在海南岛的东海岸，有一条绵延 15 公里的椰海长廊，椰树达 200 万棵，演绎着浪漫的椰岛风情。因此，海南岛拥有椰岛的美誉，椰树同样成为海南省

椰子：棕榈科、椰子属。椰子为热带喜光作物，主要分布于亚洲、非洲、拉丁美洲南纬 23° 至北纬 23° 之间，赤道滨海地区最多。主要产区为菲律宾、印度、马来西亚、斯里兰卡等国。中国广东南部诸岛及雷州半岛、海南、台湾及云南南部热带地区均有栽培。

的省树。可有谁知道海南岛原本并没有椰子树，椰树是海南岛典型的海漂植物，椰树和海南岛相识相融的经历起于一个“缘”。

椰子原产于亚洲东南部、印度尼西亚至太平洋群岛。海南岛上最早的椰子来自马来半岛。在几千年前，一些成熟的椰子从马来半岛的椰树落下，被潮水带入海中开始了漫长的漂泊。成熟的椰子果实，外壳坚硬，种皮有丰厚的纤维质、木栓质结构，可以很好地隔绝海水，在这刚强的外壳内包裹着一颗柔弱的生命体。并且坚硬的果实内还有着特别柔弱的中空结构，使得椰果犹如一只小船，能随海水漂浮上千公里到达海南岛。椰子在25℃～30℃的暖湿的洋流环境中，藏在洁白椰肉中的幼小胚体便可逐渐发育，等待时机着陆生根发芽。

海南岛的椰子主要分布在东海岸，缘于南海的洋流。夏季的南海西岸以西南季风为主，受季风的影响洋流便由西南方向流向东北方向，流向海南岛的东岸。从南海南部岛屿的椰子落入海洋，借风借水被运向南海西北岸，也就是海南岛的东海岸，而又恰好被海南岛东北部凸起的文昌半岛所拦住，在这个半岛的颈部——东郊凭“缘”登陆。

率先登陆的那些马来半岛椰子的子孙们，在历经数日的海上漂流后，未必个个都能生根发芽。成熟的椰子在海水的浸泡下，约60～70天的时间便开始萌发，萌发的椰树幼苗是无法在大海中存活的。也就是说漂流的椰子，只有在两个月之内遇见陆地才能生存下来，否则等待着它们的就是死亡。

洋流的走向、恰当的时机、适宜的陆地，使先登陆了海南岛的椰子萌发、生长。一颗颗椰子因缘而发，终成了一片椰林，一片椰林繁衍出了整个海南岛的椰树，成就了海南人和椰树的情缘，真乃“天假其便，因时而发”。

（高文红）

参考文献

[1] 张孝德 . 生态文明立国论：唤醒中国走向生态文明的主体意识 [M]. 石家庄：河北人民出版社，2014.

[2] 樊宝敏，陈凤洁，韩慧 . 银杏文化经典 [M]. 北京：科学出版社，2014.

[3] 郭齐勇 . 中国文化精神的物质 [M]. 北京：三联书店，2018.

[4] 刘凤彪 . 植物文化赏析 [M]. 保定：河北大学出版社，2017.

[5] 梁衡 . 树梢上的中国 [M]. 北京：商务印书馆，2018.

[6] 尚建力 . 沙漠中防风固沙植物种群选择的探讨 [J]. 安徽农学通报，2010（16）

[7] 卜白 . 问花寻草：花诗堂草本笔记 [M]. 上海：东方出版中心，2016.

[8] 张岱年，方克立 . 中国文化概论 [M]. 北京：北京师范大学出版社，1994.

[9] 姬昌 . 周易 [M]. 杨天才，张善文，译注 . 北京：中华书局，2011.

[10] 老子 . 道德经 [M]. 高文方 , 译 . 北京：北京联合出版社，2015.

[11] 论语 [M]. 陈晓芬，译注 . 北京：中华书局，2016.

[12] 大学 中庸 [M]. 王国轩，译注 . 北京：中华书局，2016.

[13] 孟子 [M]. 万丽华，蓝旭，译注 . 北京：中华书局，2016.

[14] 诗经 [M]. 王秀梅，译注 . 北京：中华书局，2016.

[15] 赵彦 . 种子的智慧 [M]. 上海：上海锦绣文章出版社，2016.

[16] 余秋雨 . 台湾论学 [M]. 北京：商务印书馆，2018.

[17] 葛昆元 . 换个方式试试 [J]. 杂文选刊，2015（7）

[18] 宋燕 . 本草中国 [M]. 北京：中华书局，2018.

[19] 尚黛尔 · 德尔芬 . 染色植物 [M]. 林苑，译 . 北京：三联书店，2018.

[20] 韦罗妮克 · 巴罗 . 幸运植物 [M]. 张之简，译 . 北京：三联书店，2018.

[21] 米卡埃尔 · 洛奈 . 万物皆数：从史前时期到人工智能，跨越千年的学之旅 [M]. 孙佳雯，译 . 北京：北京联合出版社，2018.

[22] 亨利 · 柏格森 . 创造的进化论 [M]. 陈圣生，译 . 桂林：桂林出版社，2012.

[23] 乔纳森 · 西尔弗顿 . 种子的故事 [M]. 徐嘉妍，译 . 北京：商务印书馆，2017.

[24] 科林 · 塔奇 . 树的秘密生活 [M]. 姚玉枝，彭文，张海云，译 . 北京：商务印书馆，2017.

[25] 麦克斯 · 亚当斯 . 树的智慧 [M]. 林金源，译 . 北京：新星出版社，2017.

[26] 蕾切尔 · 萨斯曼 . 世界上最老最老的生命 [M]. 刘夙，译 . 北京：北京大学出版 社，2016.

[27] 艾米 · 斯图尔特 . 植物也邪恶 [M]. 王小敏，译 . 北京：商务印书馆，2018.

[28] 南茜 · 罗斯 · 胡格 . 探寻常见树木的非凡秘密 [M]. 阿黛，译 . 北京：商务印书馆， 2018.

[29] 保罗 · 劳伦斯 · 法伯 . 探寻自然的秩序 [M]. 杨莎，译 . 北京：商务印书馆，2017.

[30] 邓兰桂，孔垂华 . 木麻黄小枝提取物的分离鉴定及其对幼苗的化感作用 [J]. 应用生态学报，1996 (2) .